LNG 接收站和储罐建设技术管理案例分析

甄静水　主　编
蔡德成　李博成　杜洋洋　副主编

东南大学出版社
SOUTHEAST UNIVERSITY PRESS
·南京·

内 容 简 介

本书精选了广西、山东、天津、福建、广东等地的液化天然气(LNG)项目接收站和储罐建设中的技术管理典型案例。这些案例覆盖了工艺、管道、房屋建筑、管理、材料等多个专业领域,并深入探讨了施工进度控制、施工质量保障、施工安全控制以及施工现场管理等方面的技术与管理措施。

每个案例均基于实际工程项目,详细记录了案例背景、产生原因、处理方法及经验教训。这些案例不仅为读者提供了丰富的实践经验和知识,还能够帮助读者了解在LNG项目施工过程中可能遇到的各种问题及其解决方案,有助于提升他们的专业素养和应对复杂工程挑战的能力。

图书在版编目(CIP)数据

LNG接收站和储罐建设技术管理案例分析 / 甄静水主编. -- 南京 : 东南大学出版社, 2024. 11. -- ISBN 978-7-5766-1743-6

Ⅰ. TE972

中国国家版本馆CIP数据核字第2024EN2216号

责任编辑:曹胜玫　　责任校对:韩小亮　　封面设计:王　玥　　责任印制:周荣虎

LNG接收站和储罐建设技术管理案例分析

主　　编:甄静水
出版发行:东南大学出版社
出 版 人:白云飞
社　　址:南京市四牌楼2号　邮编:210096　电话:025-83793330
网　　址:http://www.seupress.com
经　　销:全国各地新华书店
印　　刷:广东虎彩云印刷有限公司
开　　本:700 mm×1000 mm　1/16
印　　张:8.75
字　　数:126千
版　　次:2024年11月第1版
印　　次:2024年11月第1次印刷
书　　号:ISBN 978-7-5766-1743-6
定　　价:42.00元

编写委员会

主　编　甄静水

副主编　蔡德成　李博成　杜洋洋

编　委　张赵君　王　伟　崔启勇　闫冀明
谭　越　张　亮　金　桓　周　兵
石　磊　郑金涛　余雄飞　王东兴
王仝扣　白　舸　李喜峰

前　言

近年来，中国的能源产业取得了巨大的成就，并且实现了跨越式发展，能源产业结构也日趋合理。作为能源产业的重要组成部分，液化天然气(LNG)作为一种清洁、高效、多用途的能源，其产业也得到了快速发展。在LNG接收站中，LNG储罐是投资最大、技术含量最高的单体结构，其核心技术最早掌握在国外工程公司手中，建设成本居高不下。经过我国LNG储罐参建单位和广大建设者的不懈努力，设计、采办、建造等各个环节国产化的比例越来越高，LNG储罐建造成本呈持续降低趋势。

为积极响应国家号召，大力发展LNG领域的市场，进一步确保储罐工程建设质量，促进接收站和储罐建设的高质量、高标准完成，指导项目设计、施工、调试验收等工作，本书将广西、山东龙口南山、漳州、天津、福建、粤东及深圳LNG项目接收站和储罐建设过程中50个技术管理典型案例中的问题加以分析总结，涵盖工艺、管道、房屋建筑、管理、材料等专业领域，按正式出版物的要求修编成册，通过出版社公开出版发行。

目 录

第一章

广西 LNG 储罐 EPC 总包工程项目案例

1. 背景介绍

广西 LNG 储罐 EPC 总包工程项目（以下简称“广西项目”）从 2014 年 4 月 1 日开工，先后完成了工程桩、承台墙体穹顶、9%Ni 钢内罐、保冷和罐外配套及氮气置换，实现了有条件机械完工（进度达 98%），于 2016 年 1 月 29 日第一次撤场。

2017 年 10 月 27 日接业主委托进行复工，完成珍珠岩沉降测量、低压泵安装、仪表/阀门二次标定、防雷二次检测和完工资料整理报验等工作后于 2018 年 1 月 26 日第二次撤场。

2018 年 6 月 3 日项目组接业主通知再次进行复工，完成两台储罐的消防系统测试、干粉填充、干粉系统测试、火焰及气体探测测试、消防设备安装、部分仪表标定、中控系统调试、气动阀门测试、压力/温度变送器的测试后于 2018 年 8 月 10 日撤场。

2018 年 11 月 27 日项目组接到业主接船通知后又一次进场，配合业主完成储罐再次联调检查、储罐接船预冷试生产和罐内泵调试等工作后于 2019 年 1 月 22 日撤场。

最后，项目组于 2019 年 2 月 22 日—3 月 30 日完成项目罐外管线保冷收尾；2019 年 4 月 9—20 日进行 BOR 测试（业主保供中断）；2019 年 5 月 6 日—6 月 7 日 BOR 测试完成；2019 年 6 月完成竣工验收。

目前广西项目投产近一年，运行良好，业主对海洋石油工程股份有限公司（简称“海工”）的工程建造质量、安全把控和优质服务给予了很高的评价。广西项目累计安全作业 800 余天，安全工时约 120 万；桩基、土建、安装、保冷验收合格率 100%；利润率大于 10%，远超目标利润，圆满完成了项目的安全目标、质量目标、进度目标和成本目标，为公司交上了一份满意的答卷。

2. 案例总结

1）项目持续时间长，管理难度增加

广西项目从2014年4月1日开工，2019年6月27日竣工，持续5年多（主要是因为接收站码头建设滞后及周期长引起储罐项目不能及早交工）。其中有组织的复工达6次，另外配合业主检查（质监站、特检院、系统内）、各种验收（系统内、质监站、消防等政府部门）多次；工期持续时间长引起诸多问题，如证照过期、阀门仪表等产品过质保期，工程款无法按期收回和各方人员交替变化，以及政策变化引起消防检查、防爆、资料归档的变化。这些都导致了分包商协调、项目成本增加等管控难度的增加，尽管项目组向业主提交了相关变更，但是由于各方人员的变化和时间的增长，业主确认的难度会增加很多。

建议在后续项目中考虑此类风险，比如在合同中采取相应办法规避，如提高风险金、增加付款节点的约定条件等。

2）项目应重视南方炎热多台风多雨天气

参照天津项目，广西项目原计划工期是2014年2月28日—2015年10月31日，实际工期为2014年4月1日—2016年1月29日，约22个月，比计划工期延长2个月。除了接收站码头建设滞后，增加临时维保使得工期延长外，天气原因给项目实施带来很大难度，工期内天气情况见表1.1。广西每年30℃以上的天气近6个月，夏季高温达40℃以上，湿热天气使得工人中暑现象时有发生，工效严重降低；小台风没有统计，大的台风有威马逊、海鸥、鲸鱼、彩虹4次，每次大的台风来临前，项目必须停工防台。其中特大台风威马逊和海鸥更是给项目带来很大损失：停工1个多月，各方经济损失达数百万元，见图1.1。所幸该项目在两次超强台风来临前采取了正确的预防处置方案，保证了项目全体人员的安全，最大限度地降低了施工损失，并尽快进行了灾后处理与现场恢复工作，为后续类似项目建设积累了防台经验。因此，项目前期要重视项目所在地的天气、环境等因素的影响，做好预防措施，防患于未然。

表 1.1　广西项目 2014 年 3 月 19 日—2016 年 1 月 22 日当地天气统计

天气情况	天数	风力 5 级及以上天数	风力 5 级以下天数
中雨及以上	52	9	43
阵雨、雷阵雨	147	1	146
小雨	90	10	80
晴、阴、多云	386	14	372
合计	675	34	641

(a)

(b)

(c)

(d)

(e)

(f)

图 1.1　台风灾害

3)“总部＋现场”项目管理模式优缺点明显

广西项目施工期间，正值天津项目施工高峰期，为了解决人力不足的困难，项目组采用“总部＋现场”的管理模式。其中施工现场海工自有人员为 4 人，外招 9 人(文控 2 人、安全 2 人、施工质量 5 人)，共 13 人，节约成本数百万元。

与同类项目相比，广西项目人员投入严重不足，“总部＋现场”项目管理模式的优点是节约了项目管理成本，但缺点是人员少任务繁重(尤其到项目后期，人员不堪重负)，一人多岗数岗，导致专业化水平不高，使得项目管理相对粗放，离精细化管理有很大差距。项目结束后，外招人员离职，给后期材料统计移交、质量验收、变更决算、工程资料归档和外部审计等工作带来很大难度。

以材料管理为例，广西项目组织分包单位进行材料报验 160 多次，海工自采材料验货共 130 多次。海工自采的材料涉及土建、钢结构、配管、机械、保冷、消防、电气、仪表、防雷、油漆等多个专业，完成了材料的进场验收、试验复检、资料归档、台账整理等工作。为了确保材料一次验收通过，每一批次材料到场都要先进行自检。当材料有问题时，先是联系厂家处理，完成后再组织业主监理正式验货，这样的重复工作提升了业主满意度。分包单位有自己的采办员、材料员，决策链条较短，易于处理，但海工自采材料涉及的种类多、流程相对复杂，而又没有专职采办、专职材料员驻厂，现场处理起来非常困难且耗费了大量精力，如 9%Ni 钢板、铝吊顶吊杆、仪表、阀门、材质证书等。由于缺乏经验和专业能力不强，因此在材料管理中还存在很多不足之处，距离管理好还有很大差距，也为后续项目提供了一些材料管理的经验。

4) 大力推广国产化，降低项目采办成本，提升质量控制水平

广西项目作业为技术设备国产化的试点，LNG 全容储罐核心技术、9%Ni 钢板、低温阀门及保冷材料、罐顶吊机等重要设备、材料的国产化工程应用都体现在了本项目上，该项目可称为 LNG 储罐工程“国产化”的典范。每项 LNG 储罐技术或设备材料的“国产化”，都是提升公司竞争力的内在动力，也是后续项目国产化应用的良好借鉴。

以 9%Ni 钢板为例，其不仅给项目节约了巨大成本，还给现场施工管理带来了新的挑战。国产 9%Ni 钢板研发时间较短，可以应用并参考的实际项目较少，暴露了钢板的各项指标参差不齐的缺点。针对国产钢板的缺点，项目组采取了以下控制措施：

(1) 驻厂监检和发货催办

海工监检员对钢板生产流程进行全程监督，对钢厂检验过程进行全程监控，及时纠正并上报违规行为，着力从源头上解决大部分问题。监检现场见图 1.2。

(a)

(b)

(c)

图 1.2　监检现场

(2) 现场联检保证到货质量

广西项目采用由太钢生产的国产 9%Ni 钢板，合同数量 582 张，约合 885 t。与国外钢板相比，国产 9%Ni 钢板的表面质量、平板水平度、预制板弧度等仍有一定差距，这可能与表面处理设备和采用的工艺有关。为了确保项目使用的 9%Ni 钢板的质量符合设计要求和安装需要，在实施了严密的驻厂监造控制之后，9%Ni 钢板进场时，海工现场项目组联合业主、监理单位、施工单位共同对运抵项目现场的钢板进行逐张检查，检查内容包括其上下表面的外观质量、边缘加工情况、钢板厚度、坡口角度、剩磁量、镍含量、油漆等。现场联检见图 1.3，按照 9%Ni 钢板技术规格书的要求，实施检验和判定。联检结果见表 1.2。

(a)

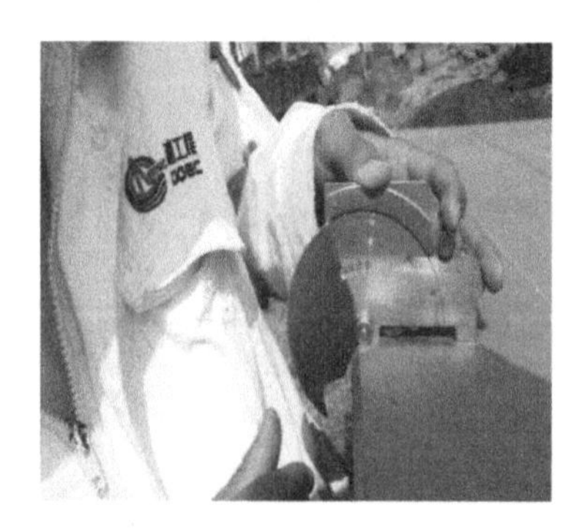

(b)

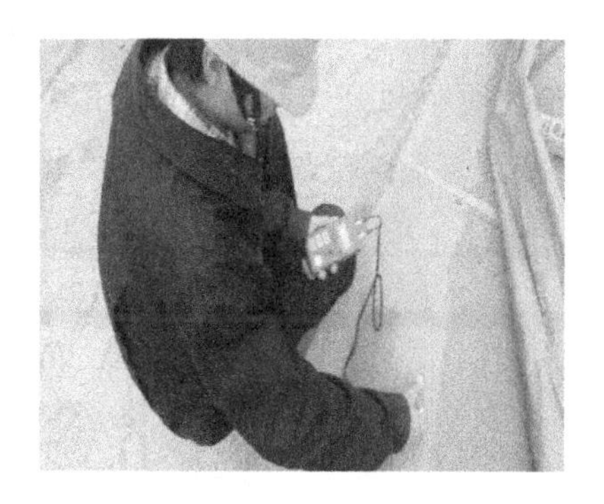

(c)

图 1.3　现场联检

表 1.2　联检结果

序号	问题类型	数量/项	问题钢板比例/%	进场钢板比例/%
1	麻面	10	14.93	3.36
2	厚度超标	2	2.99	0.67
3	锤击变形	1	1.49	0.34
4	边缘缺陷	43	64.18	14.43
5	剩磁超标	4	5.97	1.34
6	涂层脱落	3	4.48	1.01
7	表面打磨	4	5.97	1.34
合计		67	100.0	22.49

针对上述不同问题，项目组联系厂家进行了现场或返厂处理，处理后的钢板合格，达到设计要求。

(3) 安装焊接前与厂家交流，严格焊工考试，提高焊工水平

在 9%Ni 钢板焊工考试和内罐安装前，项目组邀请 9%Ni 钢焊材厂家技术骨干到项目现场，组织开展与施工单位的交流和培训。在交流会上，厂家技术骨干通过讲解、与其他厂商焊材对比、答疑、讨论等方式就本厂焊材的焊接应用特点、焊接参数推荐范围、存储烘干要求等进行了明确并达成共识。

为了确定9%Ni钢板焊工考试的基本要求，理顺焊工考试的程序和可操作性，保障焊工考试的顺利开展，特制定了9%Ni钢板焊工考试计划，见图1.4。项目对所有参加考试的焊工建立了考试档案，统计焊工考试数据和考试合格率，对考试合格的焊工进行统计，并对考试合格焊工名单进行更新。

(a)

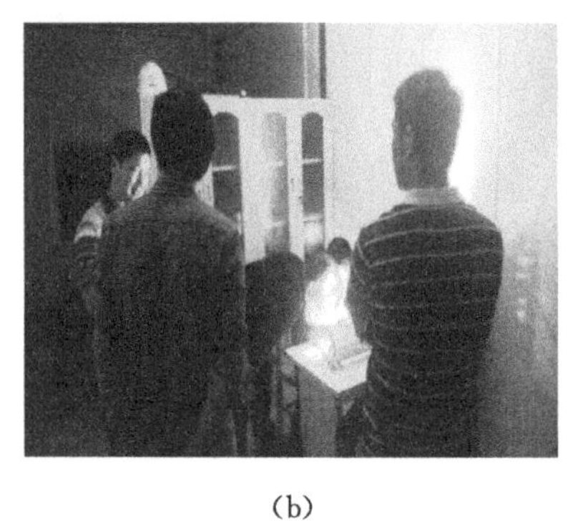

(b)

(c)

图1.4　焊工考核

(4) 采用样板引路，加强组对和焊接前控制，提高焊接质量

为了提高焊接质量，在正式施工前先安排1～2名焊工进行样板引路，外观检查和拍片合格后由班组长组织大家学习、交流心得，然后再逐步推广并根据焊工特长安排不同的焊接部位，见图1.5。

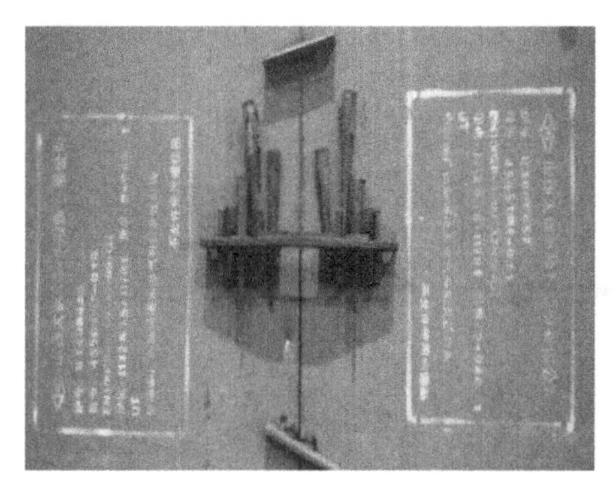

(a)

(b)

(c)

图 1.5　样板引路

经过层层把关，最后两罐的一次焊接合格率达到了 99.14%，详细数据见表 1.3，这一成绩的取得实属不易。本项目组的控制方法也为其他项目提供了成功经验。

表 1.3　广西 LNG 储罐 EPC 总包工程项目焊工合格率

序号	焊工号	当月拍片数	当月不合格数	当月合格率	累计拍片数	累计不合格数	累计合格率
1	GXLNG007	34	0	100.00%	818	10	98.78%

续表

序号	焊工号	当月拍片数	当月不合格数	当月合格率	累计拍片数	累计不合格数	累计合格率
2	GXLNG016	1	0	100.00%	205	7	96.59%
3	GXLNG024	74	1	98.65%	728	1	99.86%
4	GXLNG030	199	2	98.99%	1 088	8	99.26%
5	GXLNG040	103	3	97.09%	841	6	99.29%
6	GXLNG041	143	0	100.00%	841	3	99.64%
7	GXLNG042	88	0	100.00%	773	5	99.35%
8	GXLNG043	76	0	100.00%	755	1	99.87%
9	GXLNG044	1	0	100.00%	442	2	98.55%
10	GXLNG045	84	1	98.81%	677	8	98.82%
11	GXLNG046	72	0	100.00%	544	3	99.45%
12	GXLNG047	86	2	97.67%	734	6	99.18%
13	GXLNG048	0	0	—	144	9	96.75%
14	GXLNG049	81	1	98.77%	682	5	99.27%
15	GXLNG050	0	0	—	165	7	95.76%
累计		1 042	10	99.54%	9 437	81	99.14%

5）B 罐进料工艺管线“TKB－LNG－002－132－20”52 号焊口问题

2015 年 10 月 4 日，广西项目无损检测单位（湖南长达）对 B 罐进料工艺管线“TKB－LNG－002－132－20”52 号焊口评片时发现 1－2＃片位焊缝上方的母材有缺陷，即圆形缺陷超标，见图 1.6。

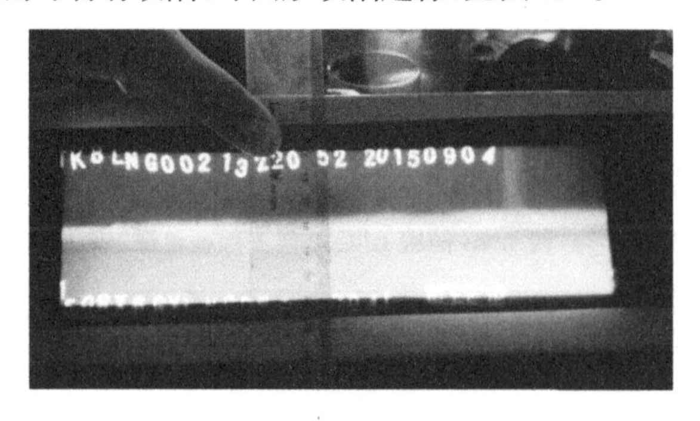

图 1.6　RT 片位显示

该片位发现的缺陷直接导致本道焊口不合格，若是母材问题，则可能会导致后续 LNG 泄漏，存在重大安全隐患。其原因可能是焊接飞溅、母材钢板冶炼时的夹渣或气孔。

针对缺陷原因，项目组专业工程师先对钢管外观再次进行检查，发现外观良好，没有打磨痕迹，排除了表面原因，确认是母材内部问题。

项目组通过采办，将问题原因及 RT 等资料反馈给供货厂家，其联系钢管与钢板厂家商讨后，于 2015 年 10 月 10 日给出答复：钢管没有问题。之后项目组工程师多次与厂家技术人员沟通，但沟通无果，最后厂家拒接项目组电话。

由于该问题的出现导致 B 罐管线进展缓慢，安装分包商中核五公司多次催促加紧解决。而总包项目组对厂家的没有质量问题的承诺不敢轻易相信，最后决定为了杜绝质量安全风险切除有问题的管段，增加焊口，并用余料替代问题管段，从而彻底解决这一问题，不给工程质量留任何死角。

这个问题直到 2015 年 10 月 28 日才得以处理完毕，见图 1.7。耽误工期 24 天，直接经济损失约 5 万元。EPC 总包项目，材料的供货质量和供货周期是影响项目进展的重大因素，因此供货厂家的选择、材料合同条款的完善、供货厂家的考核等是我们亟待解决的问题。

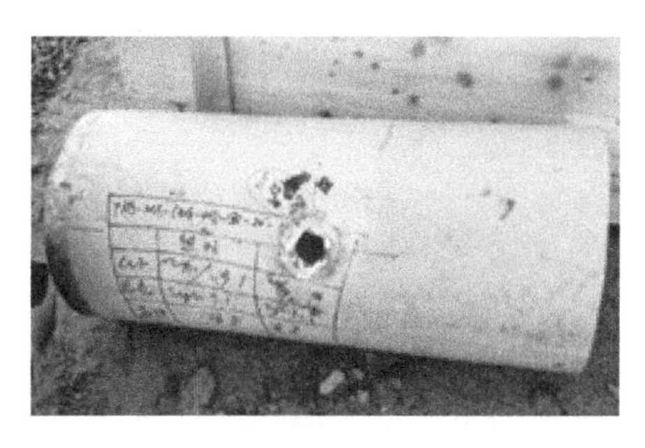

(a) 问题钢管

(b) 更换后的钢管

图 1.7　钢管维修

6）维保期间仪表阀门损坏问题

广西项目于 2016 年 1 月第一次撤场，于 2017 年 10 月进行第一次复工。复工期间发现，由于储罐长时间不投产运营，导致大量仪表阀门不能正常使用。海工对所有仪表进行了测试与维护，见图 1.8。

（1）海工对储罐照明系统进行了二次送电测试。经检查，两座储罐共有 8 套灯具进水、12 只灯管损坏、3 个整流器损坏。

（2）在正式电源和仪表气不具备条件的情况下，海工采用移动气瓶和 UPS 对储罐上的所有气动阀门进行了功能测试。经检查，位于主平台上的 8 台调节阀 IP 定位器进水损坏，阀门不能动作；位于进料平台上的 4 台气动调节阀位置变送器和阀位反馈模块进水损坏。

（3）海工对所有压力/温度变送器进行了上电测试。经检查，两座储罐共有 4 台温度变送器故障、3 台压力变送器故障、49 台温度/压力温度变送器恢复出厂设置。

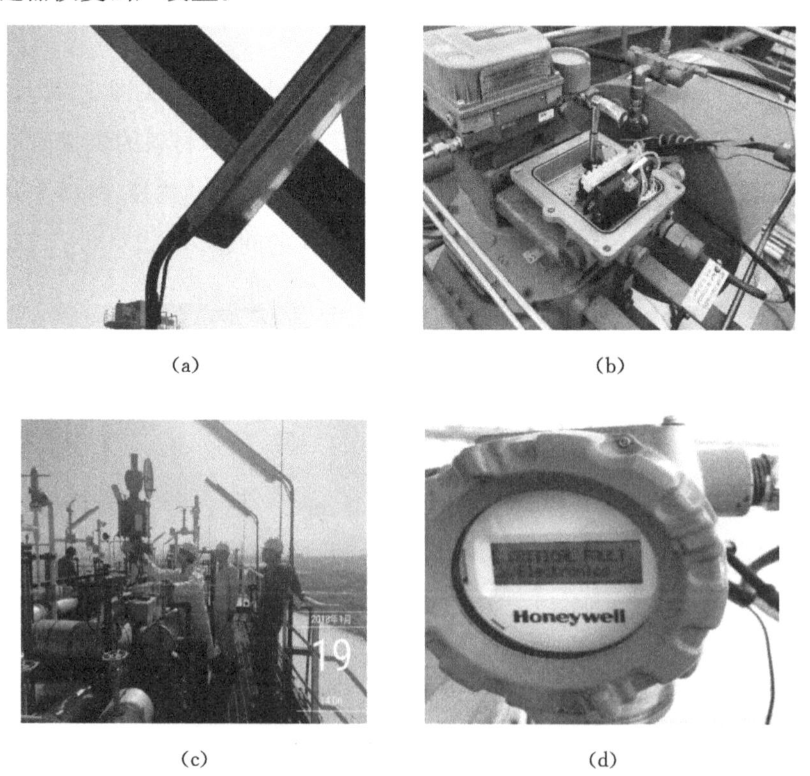

(a) (b)

(c) (d)

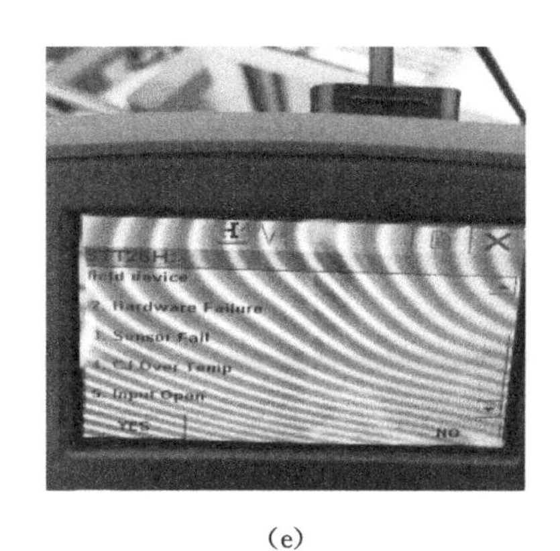

(e)

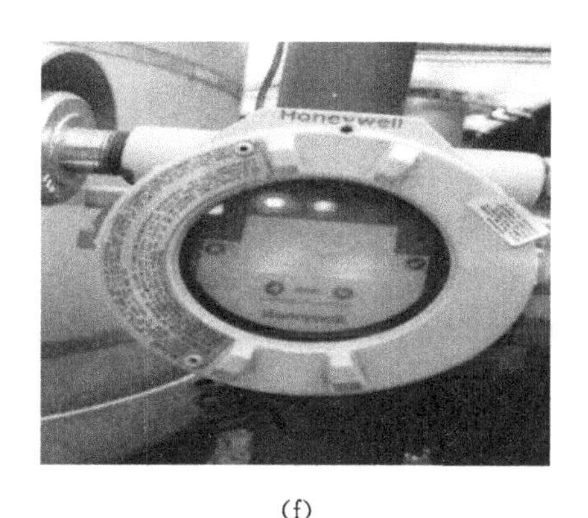

(f)

图 1.8　仪表维护

(4) 海工对所有的可燃气体探测器、火焰探测器进行了测试。经检查，两座储罐共有 6 台气体探测器显示模块故障、8 台火焰探测器回路信号无电流输出。

广西项目是海洋石油工程股份有限公司在南方沿海建造的第一个项目，也是第一个先于接收站厂区建造 2 年的项目。在储罐建造完成后的一年多的维保期间，项目组根据番禺 PY－301 气田平台维保经验(主要是仪表进水损坏)，采取对仪表进行供电除湿的措施，但是效果不明显，长期不用导致很多仪表损坏，如电磁阀、压力变送器、温度变送器、火气探头和全部阀门定位器。因此得出长期仪表保护的最有效的方法是将所有仪表拆回，送回库房保存，复工时再进行标定和安装。同时根据业主反馈广西 LNG 储罐在维保期间出现供电 24 V、UPS 电源遭雷击损坏及生产期间部分仪表遭雷击损坏等现象。因此，针对南方地区气候潮湿、风大和多雷等因素，在设计和施工时要多加防范。

第二章

龙口南山 LNG 项目 EPC 项目案例

2.1　龙口 LNG 项目仪表气空压机方案优化

1. 背景介绍

龙口南山 LNG 项目仪表气系统采用四台空压机四用一备的方式，初设方案为三台定频一台变频，变频机做主机，其中一台定频机做备用。

通过分析初设方案，发现存在以下几个缺陷：

1）变频机做主机持续运行易发生设备疲劳导致故障，变频机故障时，切换备用定频机后控制设备运行的方式不匹配。变频机采用调节空压机频率的方式改变压缩空气流量，定频机采用出口压力控制设备启停的方式改变压缩空气流量，两者控制方式不同，切换后控制方式不匹配。

2）与 LEAD/LAG 模式相比，变频机做主机的模式，空压机运行时间长，运营成本高。LEAD/LAG 模式更易于控制下游的压力浮动范围。

3）变频机采办费用和操作维修费用比定频机高出 10%～15%。

2. 应对措施

工艺部经过分析工况和各方讨论确认，将空压机类型改为四台定频，三用一备，控制方式采用 LEAD/LAG 模式，空压机处理能力不变。

3. 应用效果

1）节能：减少空压机持续运行时间。

2）降低采办成本、操作维修成本：节省采办费用 18 万～20 万元/台。

4. 经验/教训/思考

设备选型应结合操作控制和采办实际综合考虑，并与甲方、厂家等沟通讨论操作维修需求。

2.2 龙口南山LNG项目钢筋笼验收数据信息化

1. 背景介绍

龙口南山LNG项目接收站一期工程储罐土建工程Ⅱ标段，包括3#和4#两个罐区，桩基工程采用端承桩，根据不同配筋图进行现场测量，确定现场的终孔深度、护筒实测标高，现场根据实际情况进行每根桩钢筋笼长度的计算。两个罐区同时作业，增加了计算难度。同时龙口南山地质情况复杂，过程中需要参考超前钻信息、邻近桩的地质情况、桩基定位坐标、是否安装声测管及静载桩等一系列数据信息。

2. 应对措施

1）针对钢筋笼计算，先对图纸进行深度逻辑分析，根据不同的长度选择不同配筋的钢筋笼，根据不同的桩位置自动索引桩头设计标高；然后建立恒量与现场变量之间的关系，可通过封装软件自动计算。

2）对超前钻、成桩地质条件，以及可能实时更新的声测管、静载桩等信息进行后台管理，并与桩号建立数据链接形成索引。

3）针对桩定位坐标信息链接，固定索引，从而与桩形成有效链接。

3. 应用效果

通过以上三项措施进行数据处理、数据间链接，确定桩号、护筒标高、终孔深度，自动计算钢筋笼总长、底笼长度、配筋数量，同时自动索引桩位坐标、超前钻信息、是否声测桩和静载桩。

4. 经验/教训/思考

优化钢筋笼计算步骤。与以往钢筋笼计算流程相比，减少现场施工过程中的计算量，使计算过程更加合理，同时提高计算结果的准确率。通过后台多方支持、数据更新，最大限度地实现信息及时、快速同步。

2.3　龙口南山 LNG 项目提升地上桩表观质量

1. 背景介绍

对于龙口南山 LNG 项目储罐灌注桩施工过程中桩身开裂的原因，概括为以下四个方面：

1）收缩裂缝

混凝土灌注桩收缩主要包括塑性收缩、自收缩和干燥收缩三个方面。塑性收缩（通常发生在早期）是指混凝土浇筑完成至硬化前处于塑性状态时，由于新浇筑的混凝土灌注桩在浇筑后静置过程中，其裸露的表面与空气接触，相对湿度低、风速快、环境温度高或混凝土水化热反应温度升高而使混凝土表面水分急剧蒸发、失水收缩造成早期失水过快，使得毛细管中产生较大的负压而使混凝土体积急剧收缩。而此时混凝土的强度较低，无法抵抗其本身收缩产生的拉应力，在收缩应力的作用下导致裂缝产生。自收缩是指混凝土在硬化阶段（终凝后几天到几十天），水泥矿物质转化为水泥石，体积略微收缩。干燥收缩是指混凝土停止养护后，置于不饱和空气中的混凝土由表及里持续失水而引起的收缩。

2）温度应力

混凝土灌注完成后 4 h 左右发生水化反应，水化反应放热，而混凝土属于热的不良导体，散热慢，水化热使桩体内部温度迅速上升，桩内部混凝土体积产生较大的膨胀变形，当变形受到约束时，在桩体表面产生拉应力，即温度应力，当应力超过混凝土抗拉强度时即出现温度裂缝。尤其是在大体积混凝土灌注桩施工过程中，由于混凝土体积较大，内部产生的水化热不易在短时间内散发，以至于内部温度骤升，而桩体表层的混凝土因较易散热而迅速冷却，使内外形成较大的温度梯度，导致温度变形和温度应力的产生。如果混凝土施工过程中环境温差变化大，或者混凝土灌注桩受到寒潮袭击，则会导致桩表面温度迅速下降，内部膨胀和外部收缩互相制约，外部混凝土中产生较大的拉应力，使得裂缝产生的概率大大增加。

3）环境因素

对于泵送混凝土而言，因其所含的水分较多，客观环境的湿度、温度以及风速均会对混凝土灌注桩的开裂产生一定的影响，主要是通过影响新拌混凝土的水分蒸发速率来影响其塑性收缩开裂。环境温度越高、湿度越小、风速越大，混凝土失水速率越快，当混凝土的泌水和毛细管提升水的综合作用小于水的挥发作用时，混凝土表层脱水速度远大于混凝土内层提供水的速度，造成混凝土面层体积收缩大，若这时混凝土尚未产生足够的强度，则会在混凝土表面产生塑性收缩裂缝。塑性收缩越大，收缩裂缝越易发生。

环境温度变化引起的温差也会导致混凝土灌注桩裂缝的产生。干寒地区中午到傍晚期间，环境气温较高，阳光直射作用强，照射时间长，混凝土灌注桩表面的温度较高；晚上环境气温较低，无阳光照射作用，混凝土表面又降至较低温度。较大的温度变化将引起温度变形增加，这种变形逐年累月增加，同样会导致裂缝的产生和扩展。此外，受阳面和背阴面的裂纹严重程度不同，受阳面更为严重。

4）外力原因

混凝土灌注桩脱模过程中受到较大的外力，导致混凝土开裂或者掉块。

2. 应对措施

1）严格控制新拌混凝土坍落度，避免浮浆聚集。

2）控制新拌混凝土水分蒸发速率，保持混凝土表面水分。

3）有效控制降温速度，减小温差应力。

4）桩身产生裂缝后及时进行修复。（1）表面覆盖法为最简单的裂缝修补方法。用于修补稳定和对结构影响不大的静止裂缝，通过密封裂缝来防止水汽、化学物质和二氧化碳的侵入。此方法不但能修补小裂缝、减少渗漏、满足美观等要求，而且能保护混凝土免于外界有害物质的腐蚀。(2) 凿槽嵌补法是沿混凝土裂缝开凿成槽，然后嵌填修补材料，以封闭结构表面可见裂缝的方法。此方法适用于混凝土结构宽度较大、深度较浅、数量不多的裂缝，且不影响安全和使用功能的较宽裂缝的处理。

3. 应用效果

对龙口南山 LNG 项目接收站一期工程的 1＃和 2＃储罐施工过程中混凝土灌注桩表面裂缝进行识别、分析，判断裂缝的性质，找准相应的防裂和提高耐久性的措施，使混凝土裂缝得到最大限度的抑制，从而尽可能降低裂缝的危害。

4. 经验/教训/思考

为后期混凝土灌注桩的施工提供借鉴和指导。在较为容易处理的裂缝早期阶段对裂缝加以控制，做到早发现、早处理，避免发展成为较大的裂缝，影响桩结构的完整性，造成混凝土灌注桩结构强度降低、稳定性下降、耐久性变差等一系列问题。

2.4 储罐承台混凝土浇筑保护层厚度有效控制

1. 背景介绍

储罐混凝土设计结构寿命在 50 年左右，钢筋和混凝土任一部分出现问题都会使承台结构耐久性大幅降低。LNG 储罐一般建在港口附近，由于环境湿度大，氯离子丰富，因此为避免钢筋直接裸露，一定厚度的保护层可保障混凝土对钢筋的握裹力，在高腐蚀性环境下形成稳定的保护膜，有效防止氯离子表观侵入，确保钢筋混凝土结构整体质量。龙口 LNG1－4＃储罐承台平面面积共 6 848 m^2，厚度分为内圈 1.2 m，外圈 1.4 m，底板、顶板钢筋通过机械连接或搭接而成，若不在过程中严格管控混凝土保护层厚度（50 mm），则容易出现保护层偏薄或露筋现象，对钢筋造成腐蚀，降低承台结构性能。

2. 原因分析

针对现场承台施工过程中出现的保护层厚度控制问题，项目组对 1－4＃储罐承台施工过程进行分析。

1）保护层垫块制备

混凝土垫块作为保护措施，施工单位常在现场使用同标号的水泥砂浆自制。垫块尺寸大小不一，厚度控制较差，且现场垫块采取统一制备后敲断形成立方体垫块，棱角易碎，高度不一（图 2.1），这些都会导致底板钢筋配置过程中保护层厚度产生偏差。

图 2.1　保护层垫块

2）垫块安装

混凝土垫块安装过程中常存在间距过大和绑扎不牢固的情况(图 2.2)。施工过程中承台各区域需绑扎底板、顶部钢筋，铺设马凳筋、侧模等，混凝土浇筑前需间隔二十多天。由于垫块布设未进行绑扎，在踩踏、挤压下会发生移位，侧模混凝土保护层选用扎丝绑扎，在重力作用或侧模挤压下，垫块会发生移位，甚至部分受压垫块在混凝土浇筑时产生松动，造成混凝土保护层过厚、过薄的情况。

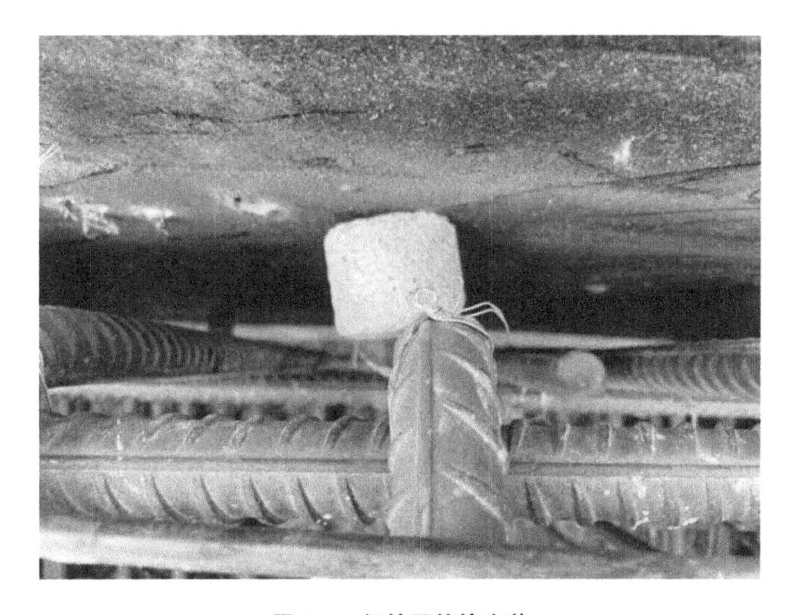

图 2.2　保护层垫块安装

3）钢筋安装控制

目前在建储罐容积多为 16 万 m^3 以上，承台直径在 90 m 左右，钢筋用量大、铺设密集、精度要求较高，测量放线在钢筋铺设前统一进行。承台外侧及顶板钢筋铺设中搭接或交叉点互相占位，则会导致钢筋标高及定位偏移。顶部钢筋上部保护设置垫块效果较差，常采用边缘画线方式由一侧向另一侧推进，过程中便出现部分区域保护层过薄问题。

3. 应对措施

1）加强管理人员、施工人员的施工技术交底

混凝土浇筑过程中要求工人在使用振捣棒时不得振捣钢筋骨架，防止垫块错位，从根本上提高施工人员对保护层厚度控制的重视。

2）选用合适的混凝土垫块

设置整块作为钢筋混凝土保护措施。原底板钢筋保护层选用成批方形垫块，使用前敲碎成立方体进行布置。针对此种情况，底板钢筋选用圆柱体垫块，制作过程中布设绑丝，钢筋铺设时可将垫块进行固定，见图2.3。

图2.3 底板钢筋圆柱体垫块

3）钢筋、垫块定位画线

混凝土垫块常固定钢筋以形成保护层，针对钢筋用量大、埋件众多易发生碰撞情况，采取事先定位画线、过程巡检、事后改进方式。对于钢筋而言，内圈钢筋间距以150 mm为宜，外圈钢筋呈放射状径向布置（图2.4），若间距不同，则应严格按照施工图纸进行多段画线。混凝土垫块摆放应适量，间距不宜大于800 mm。

(a)

(b)

图 2.4　钢筋笼

4）侧面及顶面保护层厚度控制

混凝土侧面应充分与侧模接触，将垫块挤牢，承台顶面则需对浇筑过程标高进行控制，见图 2.5。项目组选用分区钢管打点，刮板统一调平，过程中安排测量人员对收面标高进行监测，以保证顶部保护层厚度。

图 2.5　承台顶面

4. 经验/教训/思考

经承台施工过程对保护层厚度控制重视加强，并采取以上措施后，承台保护层厚度验收合格率超过 98%，分区浇筑接缝处保护层偏差均在合理范围内，有效防止了保护层偏差所带来的结构及露筋缺陷的产生，保证了承台整体性能，为储罐耐久性提供了有力支持。同时施工措施仍存在改进空间，圆柱体扎丝垫块虽然可提高绑扎牢固性，但是在振捣时仍存在振捣棒振动撞击导致垫块偏移的情况。这将在后续承台施工中进行措施深化（如凹槽型垫块），进一步探讨相关问题。

2.5 储罐拱顶块吊装进度控制

1. 背景介绍

拱顶块吊装是 LNG 储罐建造过程中的一个重要施工节点。龙口南山 LNG 项目需在同一时间段进行 4 座储罐的拱顶块吊装作业。单罐 24 片共计 96 块拱顶块，每块拱顶块约重 23 t，拱顶块吊装跨越高度 22 m。高空作业多，与土建单位存在垂直交叉作业。作业时间长短直接对土建上层墙体施工产生影响。因此，拱顶块吊装作业具有时间紧、吊装次数多、吊装质量大、交叉作业面广等高风险作业特点。

2. 应对措施

首先，根据土建墙体施工计划对拱顶块预制时间进行规划。考虑到吊装作业安全，拱顶块吊装作业窗口选择在储罐外墙第 4 层模板提升完成之后、第 4 层墙体浇筑之前开展。根据现场施工进展，要求安装单位加快拱顶块预制速度，采取增加夜间班次的形式实现拱顶块预制进度纠偏。加班现场见图 2.6。

图 2.6　工人夜间加班

要求安装单位提前落实 400 t 履带式起重机等重大设备入场安装、调试和验收，并对设备进行检测维修，避免吊装作业期间出现故障(图 2.7)。

图 2.7　储罐拱顶块吊装

其次，组织专题会对墙体浇筑和拱顶块吊装交叉作业面进行讨论，确定墙体施工时间节点及拱顶块吊装时间节点。

吊装过程需要做到尽可能缩短履带的行程，确定每块拱顶块的吊装顺序，通过合理放置拱顶块、确定上下层堆放顺序，缩短相邻拱顶块的吊装间隔时间，见图 2.8、图 2.9。

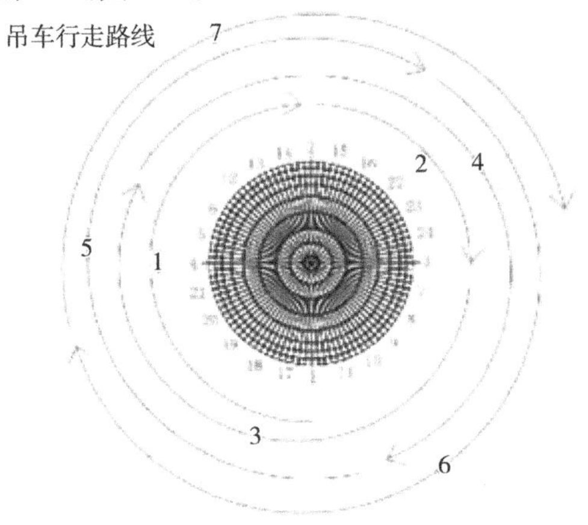

图 2.8　起重机行走路线俯视图

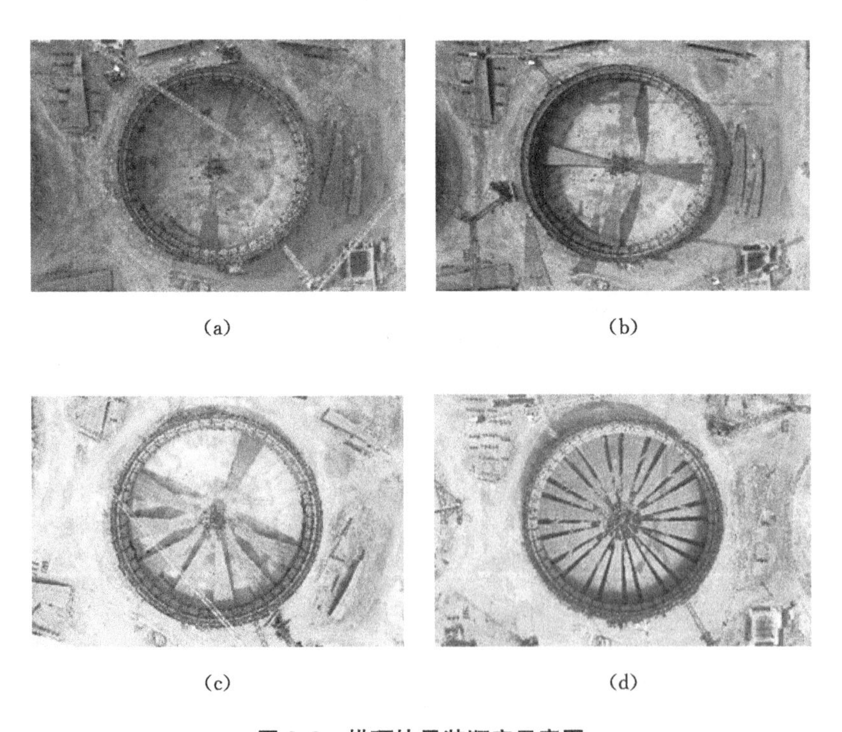

图 2.9　拱顶块吊装顺序示意图

拱顶块吊装过程中需作业人员配合默契，指挥得当，罐内外安全监管到位，做好应急措施，见图 2.10。

图 2.10　吊装指挥人员

最后，通过协调土建及安装单位作业顺序，签订交叉作业协议，减少因交叉作业带来的施工延误。

3. 应用效果

通过合理加班施工，可以达到两天完成三块拱顶块的预制速度，在吊装完成前满足了吊装需求。

安装单位提前落实了 400 t 履带式起重机的入场，根据路线提前在环罐道路进行空载试走，保证地基承载力符合要求。在吊装过程中履带式起重机出现故障，由于提前做了准备，设备很快恢复正常。

在吊装作业前完成了吊装方案的审核，对相关人员进行了施工、安全及技术质量交底(图 2.11)。吊装过程中严格按方案执行，作业监护人员到位，整个吊装过程进行得非常顺利。

按照拱顶块吊装顺序要求，将拱顶块合理摆放在罐外的位置，实际作业时平均每 2 h 完成一块拱顶块吊装就位，平均每个储罐吊装完成用时约 5 d。

图 2.11　吊装方案审核

4. 经验/教训/思考

储罐拱顶块的罐内吊装就位作业是土建和安装承前启后的重要一环，其涉及的施工资源组织、施工工序衔接以及人员指挥调度的管理难度均排在储罐作业的前列，项目管理人员需重点关注。

拱顶块吊装作业的窗口期极短，一旦错过，施工单位将承担更大的安全风险和费用风险(承担大型履带式起重机的租赁费用)。因此，拱顶块的预制进度是保障项目平稳运行，实现项目费用和进度目标的有效方式。

本项目拱顶块的预制工效(1.5 块/d)可为后续项目提供参考。

2.6　储罐碎石桩地基处理

1. 背景介绍

1＃和 2＃储罐地基土质为冲填土(Q4ml)，土质呈灰褐色，结构松散，含水状态为湿到饱和不等，土质成分较复杂，主要由粉砂、细砂等组成，局部见粉土、粉黏土，夹有碎石等，局部发现夹有渔网线等人类痕迹，结构性较差。为抽取(挖取)附近海底土层吹填形成，吹填时间约 8 年。揭露层厚 5.00～12.00 m，平均厚度 8.71 m，层底标高－9.57～－3.60 m，层底深度 7.50～14.00 m。为保证储罐桩基稳固，采用碎石桩施工工艺对地基进行处理。振冲碎石施工工艺流程见图 2.12。

2. 应对措施

施工时采用 130 kW 振冲器，用电气自动控制系统控制加密电流和留振时间，由起重机配合。碎石桩直径 1 m，桩体材料采用碎石，含泥量不得大于 5%，粒径为 40～150 mm，且不含黏土块，也不混入软弱岩石及风化的石料。原材料按规范要求进行送检，合格后方可使用。

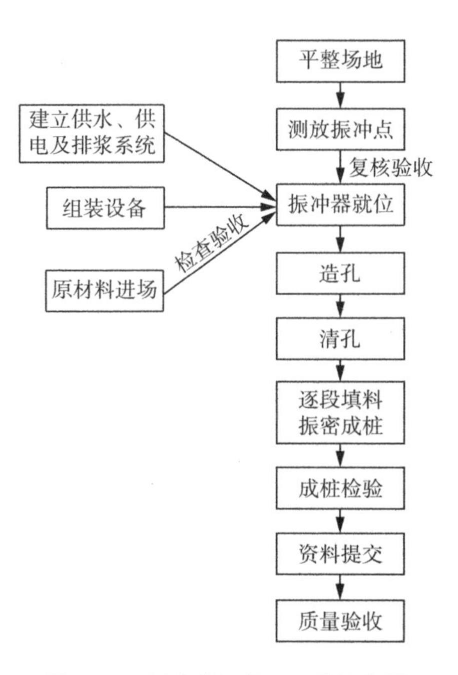

图 2.12　振冲碎石施工工艺流程图

2.7 墙体浇筑辅助措施

1. 背景介绍

龙口南山 LNG 项目接收站一期工程储罐土建工程包括 4 座 22 万 m^3 的 LNG 储罐，墙体共计 12 层，环梁 2 层，其中前 11 层墙体浇筑采用 3 台 56 m 泵车浇筑。墙体内外侧钢筋网片预制为双层网片，在浇筑第 11 层墙体时外侧网片已达到第 12 层高度(距地面高度为 48 m)，泵管需跨越网片伸到墙体内侧浇筑。受泵车泵管高度限制，泵管不能伸到 11 层墙体处，浇筑过程中泵管头部软管摆动较大，有安全隐患，混凝土落差较大，容易造成混凝土离析、坍落度损失等质量问题。

2. 应对措施

考虑到现场实际浇筑情况，在保证安全及质量的前提下，现场施工人员发散思维，自制了浇筑溜槽，解决了浇筑过程中的安全及质量问题。溜槽由模板与支架组成，见图 2.13。

(a)

(b)

图 2.13 浇筑溜槽

3. 应用效果

1) 保证了浇筑过程中放泵管人员的安全。

2) 确保混凝土各项指标满足技术规范要求,保证了质量。

2.8 智能系统规范上下马道作业管控

1. 背景介绍

随着储罐建造高度不断提升,安全通道搭设随之升高,建设高度达到 30 m 以上时,属于重大作业环节。全面落实马道安全管控措施,保障作业人员人身安全,严格管控上下马道人员数量,成为土建安全阶段极其重要的管理工作。

2. 应对措施

1) 对所有上马道人员进行专项安全培训,考试合格后,方可进入马道。

2) 在每个马道口设置安全通道智能化刷卡系统。

3）安排专人负责，监督检查上下马道人员，确保符合要求。

4）所有进入马道的人员凭安全帽培训合格帽贴及智能化刷卡系统刷卡后方可进入。

3. 应用效果

通过智能化刷卡系统，规范了重大作业现场管理，为全面落实重大作业的管控措施提供了有力保障，同时完全掌控了进出马道人员数量，避免了未经培训合格人员擅自进入马道。该系统在储罐气顶升作业时作用效果显著，科学地控制了平台人员数量，避免了人员超载等带来的各项安全隐患。

4. 经验/教训/思考

1）智能化安全管理系统是未来安全管理发展的一个必然趋势，能更严谨、更科学、更准确地收集安全数据，落实安全措施，且能节省人力成本，在降本增效方面效果显著。

2）制度管理、人员管理、智能化管理的完美融合大大提高了项目安全管控的力度，可为工程进度更好地保驾护航，最终实现了项目“零伤害、零事故、零污染”的安全管理目标。

2.9 储罐墙体浇筑质量控制

1. 背景介绍

龙口南山LNG1－4＃储罐为全容式储罐，外罐为预应力混凝土结构，浇筑厚度为0.8～1.0 m，当混凝土强度提升至设计要求后，采用预应力穿束进行张拉，提高外罐结构性能。混凝土外墙可有效防止罐内LNG发生泄漏时的外溢，增大储罐设计内压，减少了大量BOG带来的操作费用，还可防止外物撞击，起到辅助容器的作用。合理安排施工工序，严格把控储罐墙体浇筑质量，是保证外罐结构性能的有效措施。项目组对 1－4＃储罐墙体浇筑过程中发现的问题进行整理，提出应对措施，保证工程质量。

2. 情况分析

通过储罐墙体浇筑过程方案执行、拆模后表观质量验收情况，发现墙体浇筑存在以下缺陷：

1）蜂窝、麻面

墙体浇筑完成拆模后，混凝土表面存在类似蜂窝状孔洞，多产生于每层墙体中上部，属轻微缺陷，对结构质量不产生影响。蜂窝、麻面现象多因模板表面粗糙、黏附硬水泥浆垢等杂物未清理干净或模板隔离剂涂刷不匀，拆模时混凝土表面与模板粘连造成。施工中振捣人员对混凝土振捣不实，气泡未排出，停在模板表面便形成麻点。若模板未浇水湿润或湿润不够，构件表面混凝土的水分会被吸去，使混凝土失水过多出现麻面。

2）气孔

气孔在墙体分布位置并不集中，多为稀疏小孔径，部分区域较为集中，属于一般缺陷，不影响结构质量。采用现场自建搅拌站，混凝土拌和不均、配合比不当或砂、石子、水泥材料加水量不准，将会造成集料与砂浆分离。储罐墙体较高，泵车卸料高度偏大，料堆周边集料集中而少砂浆，浇筑过程中存在未及时平仓情况。混凝土分层下料振捣不充分，漏振或振捣时间不够，均会导致气孔产生。

3）错台、漏浆

错台多出现于墙体与下部导墙接缝部位，漏浆则出现于插缝板部位及墙体与下部导墙接缝部位，属一般缺陷，不影响结构质量。错台情况出现于导墙连接处，由于导墙浇筑完成之后存在一定的尺寸偏差，墙体模板属于定型模板，尺寸控制较好，个别区域由于两者偏差导致模板与导墙结合面贴合不严密，存在部分错台、漏浆。大模板间隔选用自制插缝板封堵，部分位置拼缝不严密存在漏浆导致挂帘。

4）凹陷、胀模

储罐13层墙体中凹陷及胀模分布位置并不固定，凹陷位置多分布于墙体埋件固定位置，受混凝土泵送下落冲击，未完全固定的埋件发生偏移，导致错位。胀模多分布于环梁下部，因抗压圈空间受限，且模板支设高度较小，对拉螺栓固定不紧密，导致部分墙体正偏差较大。二者均属一般缺陷，不影响结构质量。

5）裂缝

裂缝集中出现在储罐底层墙体浇筑过程中，主要分布在竖向波纹管位置，均为竖向裂缝，随墙体浇筑升高后，裂缝逐渐减少。这主要是因为：（1）储罐直径较大，根据储罐气密性及整体性要求，每层墙体均需要一次成型，受内部应力约束，易形成裂缝。（2）底部墙体与承台钢筋连接，导致底层墙体受承台的刚性约束，产生较大的边界约束应力，随着墙体逐步升高，自重压力会抵消部分钢筋约束拉应力，裂缝将逐渐闭合。同时，储罐墙体施工采用后预应力张拉技术，在外罐墙体施工后会进一步闭合裂缝。

3. 应对措施

1～4＃储罐外罐墙体外径为44 m，壁厚由1.0 m渐变为0.8 m，墙体高度为3.85 m、3.5 m，每层墙体需一次浇筑成型，待混凝土强度提升后提模进行下一层墙体浇筑。施工过程中，可见混凝土浇筑质量通病甚至裂缝产生，蜂窝、麻面及气孔缺陷较轻，并不会导致结构性能缺陷。凹陷、胀模可进行打磨、修补处理，但缺陷较大处会使储罐气压升顶、壁板焊接产生返工问题。裂缝虽然属于大体积混凝土浇筑常见问题，且现场测量均小于0.2 mm，符合规范要求，但我们仍需进行过程质量监控，对以上问题进行约束，保证储罐的结构性能。

1）制订自建搅拌站管理方案，建立原材进场台账，加强混凝土配合比调配，浇筑过程中应对出机、泵送坍落度进行控制。

2）浇筑前做好模板连接检查，插缝板与大模板拼缝应紧密，小缝封堵，大缝替换插板，对拉螺栓应挨个检查，保证紧固。模板下口与墙体间接缝部位全部使用双面胶加海绵双层，确保下口封堵严密无漏浆现象。

3）加强振捣时间，做到“快插慢拔”。考虑作业区域较大，每片振捣区域固定振捣人员，加强人员质量培训，严格按照安全技术交底卡要求进行分层浇筑，振捣时要充分。

4）针对施工振捣不到位而引起的质量问题，对墙体浇筑区域进行分区，每个区域明确责任人，配合管理人员监督，确保混凝土浇筑质量。

5）混凝土浇筑后应及时进行保湿养护，强度未提升前应防止扰动，减少裂纹，确认墙体强度后拆模充分清理模板，涂刷模板隔离剂、墙体养护液。

6）注意墙体椭圆度、垂直度偏差，应加强点位测量，严格把控墙体正偏差尺寸。

4. 经验/教训/思考

外罐墙体作为储罐辅助容器的重要结构，应充分注意施工过程中产生的质量缺陷，虽然大部分混凝土浇筑通病可进行后期修补，但却易造成人员返工，产生额外的成本，甚至造成质量事故。同时，储罐拱顶使用气压顶升倒装工艺，储罐墙体垂直度偏差会制约拱顶顶升工序，项目组通过事前预警、事中控制、事后优化的方式，管理施工队伍，加强浇筑质量，注意模板偏差，保障了 1～4＃储罐气压升顶节点的圆满完成。

2.10　基坑支护工程精细化施工进度管理

1. 背景介绍

为全国第一个 LNG 储罐半地下工程保驾护航，原计划冬施期间进行的地下垫层浇筑工作需将工期压缩至冬施之前完成，以确保混凝土浇筑质量及保温效果。面对复杂的地质条件、多变的天气因素、紧张的进度压力，项目组需要重新规划节点进度控制，优化现场管控能力，保证进度按新制订的计划落实。

2. 应对措施

1）现场采取两班倒、人歇设备不歇的管理制度，优化交班交接流程，保证 24 h 满额工作量，每日对项目进度进行追踪分析，做到今日事今日毕，遇特殊情况时，现场各方 24 h 有值班人员进行沟通解决。

2）网格化人员管理，设计单位、业主、监理单位、施工单位均有专门责任人进行对接，实行“一个抓一个”的有效沟通渠道，面对可能出现的各种设计改动或各方意见，均能高效进行传达并形成统一意见落实到具体措施，不耽误现场施工进度。

3）对每日工作量进行细化管理，有专人对可能出现的天气、环保、地质等影响进度因素进行提前判断并预警，不打“无准备之仗”。

3. 应用效果

原计划 66 d 完成的支护桩施工阶段，实际 40 d 完成。原计划 15 d 完成的顶圈梁施工阶段，实际 7 d 完成。原计划 20 d 完成的土方开挖施工阶段，实际 16 d 完成。

4. 经验/教训/思考

从项目进度管理角度出发，合理进行施工过程中关键点管控，现场施工人员真正做到“心里有谱”，才能“手上出活”，现场发现问题，及时在现场解决，与设计单位、业主、监理单位、施工单位形成一个高效的沟通闭环渠道，这样才能有效压缩施工进度，并保质保量完成阶段性任务。

2.11 罐底保冷施工质量控制

1. 背景介绍

罐底保冷包括罐底环形边缘区保冷、TCP 热角系统保冷和罐底中心区保冷。LNG 储罐罐底保冷系统主要由素混凝土找平层、泡沫玻璃砖和沥青毡组成。施工流程见图 2.14。

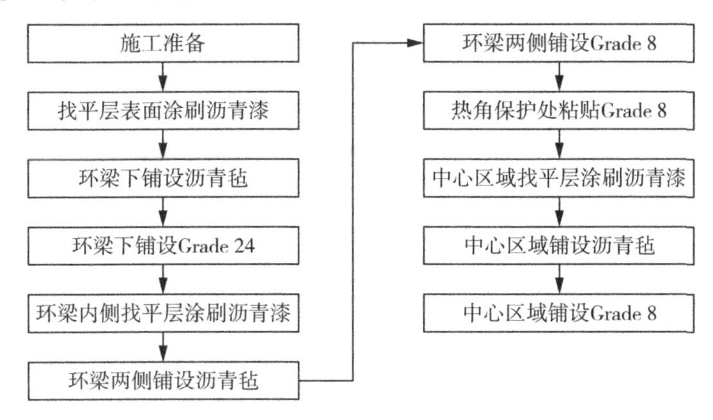

图 2.14　施工流程图

罐底保冷泡沫玻璃砖砌筑错缝间距小，甚至出现通缝缺陷；罐底保冷与土建存在大量交叉作业，承压环梁下部与中间区域留槎不到位，造成相邻两层间泡沫玻璃砖错缝间距不够。

2. 应对措施

1）切实做好施工准备，注重技术交底；

2）坚持样板引路，加强过程质量检查，狠抓落实；

3）严格执行"三检制"和质量停检点验收制度；

4）根据确定的 QC 活动课题，定期开展 QC 小组系列活动，认真做好现状调查，查找症结所在，制订应对措施并及时总结，保证工程质量得到有效控制和持续改进；

5）加强成品保护，确保工程质量验收一次合格；

6）重视内部质量验收，确保下道工序质量；

7）注重已完工程质量评定，实现质量持续改进。

质量控制的具体流程见图 2.15。

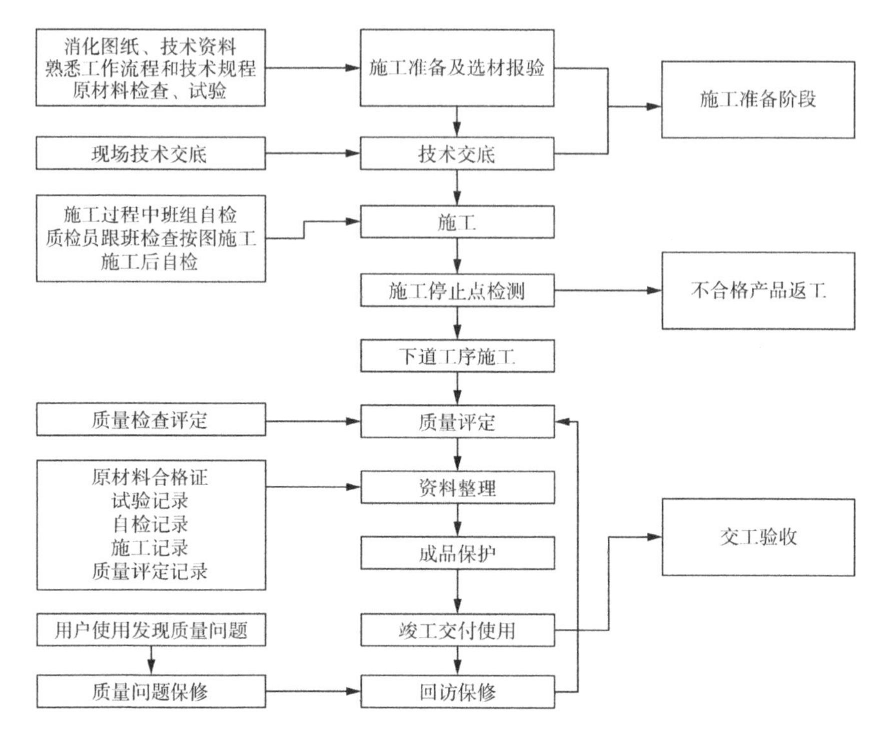

图 2.15　质量控制流程图

3. 应用效果

工程保冷材料检验合格后使用,产品的检验和试验配合施工生产过程进行,并应及时报验(图 2.16)。

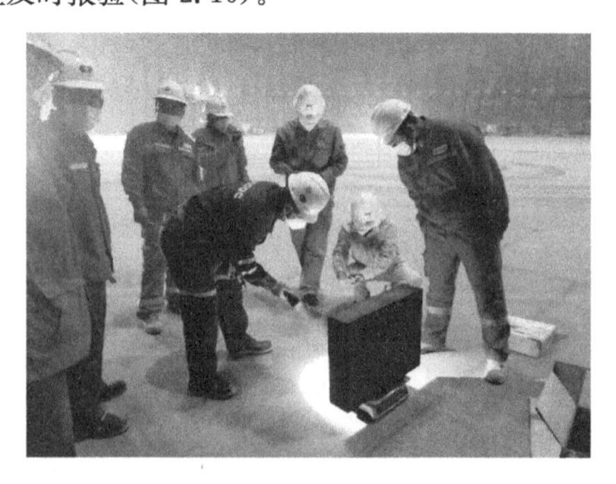

图 2.16　检验现场

材料进场检验合格后，按要求入库合理堆放，并做好标识工作，防止混用及调乱(图 2.17)。

图 2.17　材料堆放

对施工过程进行全面控制，本工程项目部技术负责人和质检员全面负责施工过程的质量检验和质量保证措施的实施。

1) 各分项工程开工前认真做好施工技术交底，各工序的施工严格执行质量控制点的要求，合格后方可进行下一工序的施工，见图 2.18。其中任一个环节检验不合格均必须返工，返工完成后再按上述程序进行检验。合格后进入下一工序的施工。

图 2.18　现场质检

2）对于重要的、关键的工序和项目，在全面施工开始前，合理组织典型施工，以取得合理的方法、数据、方案来指导全面施工，并在施工过程中不断完善和优化，见图2.19。

图2.19 典型施工

3）合理组织和选用施工机械设备，做好机械设备的管理和保养工作，保证其处于最佳工作状态，避免因施工机械问题造成质量隐患和事故（图2.20）。

图2.20 机械设备

4）施工全过程中，施工人员严格按照施工方案要求进行施工，严格遵守相应的规范、标准、施工工艺、操作规程，并及时做好施工记录，强化自检、互检、专检“三检制”（图 2.21）。

(a)

(b)

图 2.21　施工现场

5）加强成品保护，确保工程质量验收一次合格，见图 2.22。

图 2.22　成品

4. 经验/教训/思考

1）罐底保冷施工前技术人员对所有作业人员进行技术交底，告知施工工艺、方法及质量要求，使全体参建人员明确各项技术要求。

2）由于泡沫玻璃砖为多孔材料易受潮，因此其存放环境必须满足防雨、防潮要求，做到上盖下垫。现场不得露天存放，罐内存放时也必须做好下垫上盖，同时应对外罐预留门洞、罐顶人孔等做好防雨措施。每天拆除包装的泡沫玻璃砖必须施工完毕，同时做好防雨、防潮措施。

3）由于泡沫玻璃砖承受整个储罐质量，对表面平整度要求高，若表面不平整易造成局部受压过大而损坏，因此在铺砌前必须严格检查基层表面平整度，确保基层平整，并保证最下部玻璃砖与基层有充分接触。

4）罐底泡沫玻璃砖分为两种强度、两种厚度，施工前需认真核对，防止错用。领料时必须由专业工程师签发领料单，库管必须认真核对规格、型号和强度等级后发放。现场及库房禁止两类材料混放，必须分区存放。

5）由于泡沫玻璃砖属于易碎材料，材料倒运及下料切割过程中必须注意防止损坏，对于出现裂纹等缺陷的材料严禁使用，并集中堆放，每天清运。

6）砌筑承压环梁下部玻璃砖时，应向储罐中心方向留设斜槎，以便后续中心区域施工时搭接。

7）开始砌筑时质量检查人员应加大检查频次，每班组、每班次检查不少于2次，以提高作业人员的质量意识，并针对发现的问题制订相应的预防措施。

8）整个砌筑周期做好防雨防潮措施，针对预留门洞、罐顶管口等搭设防雨棚或设置防雨帽，并且要有防脱落措施，同时每天下班安排专人检查以防罐内进水。

9）针对泡沫玻璃砖易碎特性，在砌筑过程及沥青毡铺贴过程中严禁随意踩踏，必须使用模板以增大受力面积，防止损坏。

10）承压环梁下泡沫玻璃砖施工完毕后由土建单位覆盖塑料薄膜，防止承压环梁浇筑混凝土渗水进入泡沫玻璃砖。

11）由于泡沫玻璃砖砌筑与土建施工存在大量交叉作业，因此在土建施工期间安排专人负责做好成品、半成品保护，监督、提醒土建单位配合。同时对破损部分及时进行修补、更换。

12）弹性毡存放需注意不得叠放过高且存放时间不得过长，防止下层被压缩无法恢复。

13）弹性毡存放需注意防潮防雨，做到下垫上盖。

14）本项目施工工期紧，故需分多组同步作业，需合理划分施工区域，做好相互间接茬处理。

15）保冷钉间距严格按照设计文件执行，应提前做好标记。

16）弹性毡铺设前必须检查罐壁清洁、干燥情况，并做好记录。

17）弹性毡铺设时从高向低铺设，注意控制速度，并应拉紧，但不可力量过大，防止断裂。

18）加强职工的质量和成品保护教育，树立工人的保护意识，在操作和搬运、行走过程中相互监督，自觉维护。

19）施工现场加设标语，在必须进行保护的成品处标写醒目警示，引起来往人员注意。

20）材料保护。保冷材料应堆放在干燥处妥善保管，露天堆放应有防潮、防雨措施，防止挤压损伤变形。

21）因罐内保冷作业与土建和安装交叉作业较多，作业面小，成品保护困难，大多数的损坏是由人员踩踏、机具移动、设备电缆、起重索具等造成的，现采取以下措施进行防护，以减少泡沫玻璃砖的损耗，确保保冷工程质量。

（1）交叉作业过程中坚持现场巡查，各单位及时进行沟通、发现问题及时提出，现场做好防火、防污染措施。

（2）泡沫玻璃砖为易碎材料，环梁下及环梁两侧的泡沫玻璃砖一般采用同心圆铺设，其铺设后的层间阶梯断面，宜采用硬保护的办法，即根据泡沫玻璃砖的厚度（每层的高度）和上下相邻层错逢的尺寸，制作硬质护具，扣在其边缘上以保护泡沫玻璃砖的表面及棱角不受损伤。

(3) 在已做好的泡沫玻璃砖处，根据需要设计若干安全通道，此处安装临时活动的钢梯供施工人员出入(人员出入处的泡沫玻璃砖表面铺设载荷分配板)；安全通道外的其他区域设置警示线，并悬挂禁止踩踏的标识。

(4) 罐中心泡沫玻璃砖一般采用直排式铺设方式，在施工过程中形成的阶梯式断面的保护按上面(2)中的规定；在施工过程中形成的马牙槎断面的保护是：先用废旧的泡沫玻璃砖找齐为阶梯式断面，然后按上面(2)中的规定执行，当此槎接续时再抽掉废旧的泡沫玻璃砖。

(5) 罐底保冷泡沫玻璃砖的铺设一直伴随交叉作业，一直到内罐安装试压完成；施工周期长，为减少泡沫玻璃砖的损坏，施工现场安排2人对保冷的成品或半成品进行不间断的监护，做到有人在现场施工就有人监护，发现损坏或损伤问题及时处理。

22)吊顶玻璃纤维绝热层铺设时不得踩踏或放置重物，当不得已要在吊顶行走时必须使用载荷分配板。

2.12 坐地式储罐承台浇筑进度控制

1. 背景介绍

龙口南山LNG项目两座22万 m^3 坐地式储罐为国内最大坐地式储罐，其中5#储罐为国内首创半地下储罐。2022年上半年，全国疫情形势严峻，项目组施工原材及人员进出场面临着巨大压力，导致施工进度一度滞后。为推进项目工程进度，防止施工滞后，项目组在落实疫情防控政策的情况下协调施工资源入场，保证人力及原材供应的匹配与及时；另外，从现场合理组织施工、优化施工工艺、提高施工工效来推进进度。本次项目案例以龙口南山LNG项目两座坐地式储罐承台浇筑施工组织为例，为其他项目提供参考。

2. 应对措施

龙口当地 2022 年 3 月初开始连续每 3 天进行一次全员核酸检测，项目组全员共计 1 000 余人，仅设有一个检测点，排队等待时间较长。为保证现场连续施工，项目组组织人员分批进行检测，既减少了人员排队时长，也保证现场始终处于连续施工状态，见图 2.23。

图 2.23　组织项目组人员进行核酸检测

4 月初项目进入混凝土浇筑高峰期，包括 1－4＃储罐穹顶浇筑、5－6＃储罐承台浇筑、接收站各单体基础浇筑。受疫情影响，龙口搅拌站原砂石料原材厂出料困难，项目组积极组织进行周边砂石原料地的考察，提前完成取样、配比、检测等工作，确定多个备用原材产地，在疫情影响下，及时启用备用产地进料，保证现场施工需要，见图 2.24。

5＃罐是国内首个半地下储罐，不可预见性问题较多，前期电伴热深化设计深度不够，对实际实施情况考虑不足。受疫情影响，厂家人员不能及时到现场考察调研，未能高效完成细节处的深化设计。项目组本着质量第一的目标对设计细节多次提出优化，结合以往经验，认真调研，及时和设计部门沟通，经各方审查后进行了修改完善；厂家深化设计多次反复修改，保证施工图纸保质完成。

图 2.24 搅拌站原材厂考察

1）优化施工方案

坐地式储罐承台内增加了百余道电伴热管道、预应力 U 型管等多种预埋件，其施工工艺复杂，技术含量高，施工难度大。为保证两座承台顺利施工，项目组多次组织专家组进行施工方案及深化设计图纸审查，识别质量及安全风险控制点，组织现场人员进行全面的安全和技术交底，见图 2.25。通过优化施工方案，将原来 9 个浇筑分区重新规划为 5 个分区，根据浇筑分区进行交叉施工，缩短施工工期。优化前后对比见图 2.26 和图 2.27。

图 2.25 承台施工方案审查

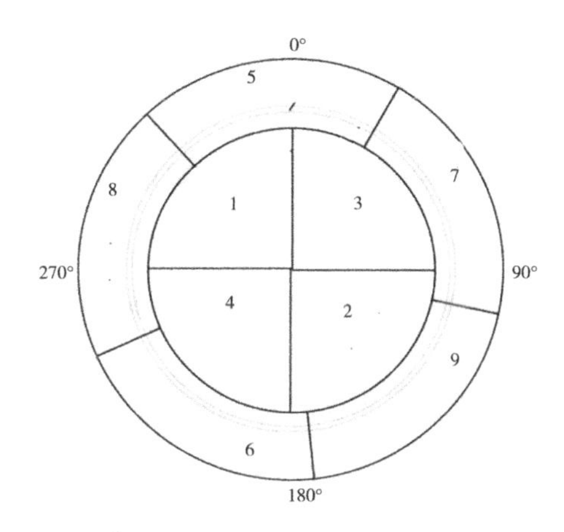

图 2.26　优化前承台浇筑分区

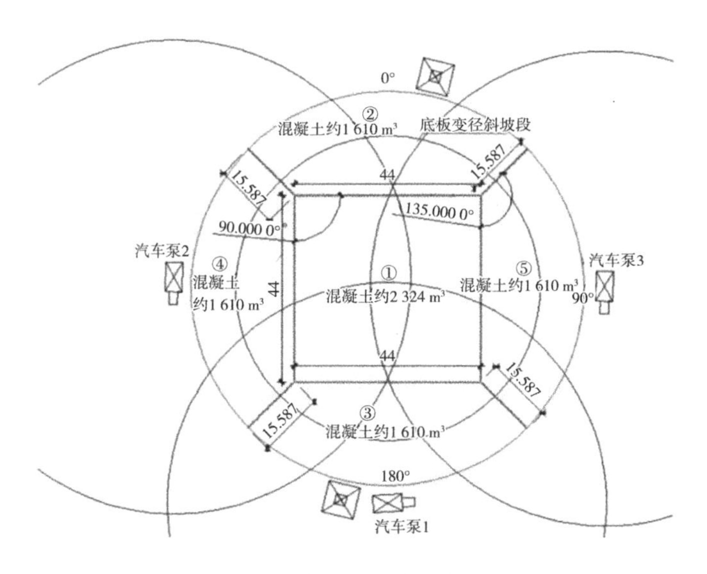

图 2.27　优化后承台浇筑分区

2）制订施工计划

根据优化后的施工方案及承台施工特点，项目组制订了“百日攻坚”劳动竞赛方案和安全攻坚绩效激励等方案，构建了以绩效考核为抓手，以施工、安全、服务三方面为着力点的攻坚工作联动网络，将进度作为施工的贯穿线，同时加强疫情防控措施，将督办融入服务全过程，全面助力“百日攻坚”活动，督促施工单位做好施工纠偏措施，保证计划的执行。

3. 应用效果

通过合理组织人员进行核酸检测，保证现场各项工作正常进行，现场施工正常推进，进度基本不受影响；采用搅拌站原材厂预备方案，在主要原材厂受疫情影响严重时，立即启用备用原材厂，保证了混凝土按计划供应。

通过优化承台分区及施工工序、制定“百日攻坚”计划（图 2.28），按浇筑顺序合理安排施工区域和各工种人员，为承台各区域按顺序创造了浇筑条件，从施工、安全、服务三方面全面推进，仅用 20 d 完成两座坐地式储罐承台大体积混凝土浇筑。相比本项目前四个同类型储罐，本次浇筑节省工期约 15 d，浇筑施工日程见表 2.1。

国家管网 PIPECHINA　储罐“百日攻坚”计划　海油工程

1#储罐	工序	开始时间	结束时间	历时
	环形区域泡沫玻璃砖施工	5月7日	5月14日	8
	承压环梁施工	5月12日	5月18日	7
	环梁两侧泡沫玻璃砖	5月16日	5月22日	7
	找平层2、找平层4	5月20日	5月25日	6
	二层底环板施工	5月26日	6月5日	11
	找平层3	6月3日	6月7日	5
	内罐底环板施工	7月3日	7月15日	13
	穹顶浇筑保压	6月9日	7月1日	23
	TCP泡沫玻璃砖施工	7月3日	7月13日	11
	TCP壁板施工	7月6日	7月15日	10
	内罐第一圈壁板施工	7月16日	8月4日	20

2#储罐	工序	开始时间	结束时间	历时
	TCP盖板施工	[illegible]	[illegible]	[illegible]
	环形区域泡沫玻璃砖施工	[illegible]	[illegible]	[illegible]
	承压环梁施工	5月23日	5月28日	6
	环梁两侧泡沫玻璃砖	5月26日	6月1日	7
	找平层2、找平层4	5月30日	6月4日	6
	二层底环板施工	6月5日	6月17日	13
	找平层3	6月15日	6月20日	6
	内罐底环板施工	6月19日	6月28日	10
	TCP泡沫玻璃砖施工	6月18日	6月27日	10
	TCP壁板施工	6月21日	6月28日	8
	内罐第一圈壁板施工	6月29日	7月18日	20

3#储罐	工序	开始时间	结束时间	历时
	TCP盖板施工	5月17日	5月24日	
	环形区域泡沫玻璃砖施工	5月20日	5月27日	8
	承压环梁施工	5月25日	5月30日	6
	环梁两侧泡沫玻璃砖	5月28日	6月3日	7
	找平层2、找平层4	6月1日	6月6日	6
	二层底环板施工	6月7日	6月19日	13
	找平层3施工	6月17日	6月22日	6
	内罐底环板施工	6月21日	6月30日	10
	TCP泡沫玻璃砖施工	6月20日	6月29日	10
	TCP壁板施工	6月23日	6月30日	8
	内罐第一圈壁板施工	7月1日	7月20日	20

4#储罐	工序	开始时间	结束时间	历时
	穹顶浇筑保压	5月18日	6月9日	23
	环形区域泡沫玻璃砖施工	6月11日	6月16日	6
	承压环梁施工	6月14日	6月18日	5
	环梁两侧泡沫玻璃砖	6月16日	6月21日	6
	找平层2、找平层4	6月19日	6月23日	5
	二层底施工	6月24日	7月5日	12
	找平层3施工	7月3日	7月8日	6
	内罐底板施工	7月6日	7月15日	10
	TCP泡沫玻璃砖施工	7月6日	7月14日	9
	TCP壁板施工	7月9日	7月15日	7
	内罐第一圈壁板施工	7月16日	8月4日	20

5#储罐	工序	开始时间	结束时间	历时
	1区浇筑		5月13日	18
	2区浇筑		5月18日	
	3区浇筑		5月23日	
	4区浇筑		5月28日	
	5区浇筑		5月30日	
	外墙一层浇筑		6月25日	27
	外墙二层浇筑		7月10日	16
	外墙三层浇筑		7月25日	16

6#储罐	工序	开始时间	结束时间	历时
	1区浇筑		5月10日	15
	2区浇筑		5月15日	
	3区浇筑		5月17日	
	4区浇筑		5月22日	
	5区浇筑		5月24日	
	外墙一层浇筑		6月20日	28
	外墙二层浇筑		7月5日	16
	外墙三层浇筑		7月20日	16

图 2.28 “百日攻坚”计划

表 2.1　浇筑施工日程表

5#罐		单位	工程量	开始时间	完成时间
承台混凝土浇筑	1 区	m^3	2 220	5 月 13 日	5 月 13 日
	2 区	m^3	1 568	5 月 18 日	5 月 18 日
	3 区	m^3	1 574	5 月 18 日	5 月 19 日
	4 区	m^3	1 544	5 月 30 日	5 月 30 日
	5 区	m^3	1 533	5 月 30 日	5 月 31 日
	汇总	m^3	8 439	起止天数	18
6#罐		单位	工程量	开始时间	完成时间
承台混凝土浇筑	1 区	m^3	2 292	5 月 10 日	5 月 11 日
	2 区	m^3	1 444.5	5 月 15 日	5 月 15 日
	3 区	m^3	1 448	5 月 16 日	5 月 16 日
	4 区	m^3	1 555	5 月 27 日	5 月 27 日
	5 区	m^3	1 664	5 月 29 日	5 月 30 日
	汇总	m^3	8 403.5	起止天数	20

4. 经验/教训/思考

项目组在疫情影响下采取多种措施，保证了施工资源的补充及供应，推动项目进展。

总结项目前四个储罐施工经验，项目组通过优化承台施工方案，加快了施工进度，为后续储罐土建施工开展打下了基础。

2.13　9%Ni 钢板到货处理程序应用

1. 背景介绍

龙口南山 LNG 项目接收站一期工程包含 6 座 22 万 m^3 储罐，建造过程需要耗用约 15 000 t 9%Ni 钢板（约 500 车），厂家提供的发货明细汇总起来近 6 000 行，涉及 500 余个 Excel 表格。每次材料到货后，材料员都需要编制交接单（交接给分包单位）、验收记录，对到货明细进行汇总数据处理等，重复工作量很大。与此同时，项目材料员人手略显不足。

2. 应对措施

针对 9%Ni 钢板进场后的重复性工作，为提高工作效率，避免手动工作出现的人为错误，项目组组织人员在 Excel 基础上，采用 VBA 语言开发了 9%Ni 钢板到货处理程序。

该程序通过对厂家提供的发货清单进行操作，可快速自动完成交接单、验收记录的编制，对到货明细进行汇总数据处理等，见图 2.29。

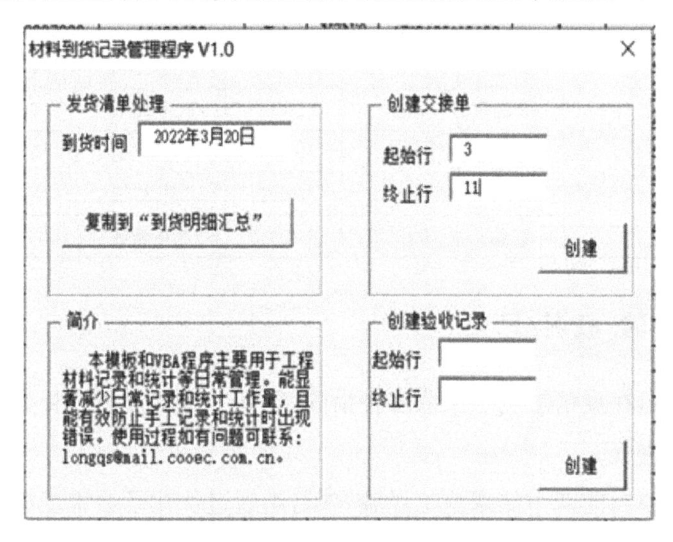

(a)

序号	构件名称	编号	板号	炉号	罐号	牌号	规格	数量（块）	重量(Kg)	质保书号	钢厂资源号	车牌号	到货日期
1	工卡具及钢结构用途	A-103	1C23131100	11416192		X7Ni9	30*3000*5000	1	3.55		J1F0003077	沪FF9333	2022/3/20
2	焊接工艺评定试板及焊工考试用板	A-95	1C28075200	11421916		X7Ni9	10*3632*11259	1	3.23		J1F0003070	沪FF9333	2022/3/20
3	焊接工艺评定试板及焊工考试用板	A-100	1B30179110	11422129		X7Ni9	12*2500*10000	1	2.37		J1F0003074	沪FF9333	2022/3/20
4	焊接工艺评定试板及焊工考试用板	A-100	1B30179210	11422129		X7Ni9	12*2500*10000	1	2.37		J1F0003074	沪FF9333	2022/3/20
5	内罐底板环板	A-45	1C23159300	11423087	T-3	X7Ni9	20*2590*11280	1	4.61		J1F0003064	沪FF9333	2022/3/20
6	内罐底板环板	A-45	1C28093200	11423086	T-3	X7Ni9	20*2590*11280	1	4.61		J1F0003064	沪FF9333	2022/3/20
7	内罐底板环板	A-45	1C28088100	11423086	T-3	X7Ni9	20*2590*11280	1	4.61		J1F0003064	沪FF9333	2022/3/20
8	内罐底板环板	A-45	1C28090100	11423086	T-3	X7Ni9	20*2590*11280	1	4.61		J1F0003064	沪FF9333	2022/3/20

(b)

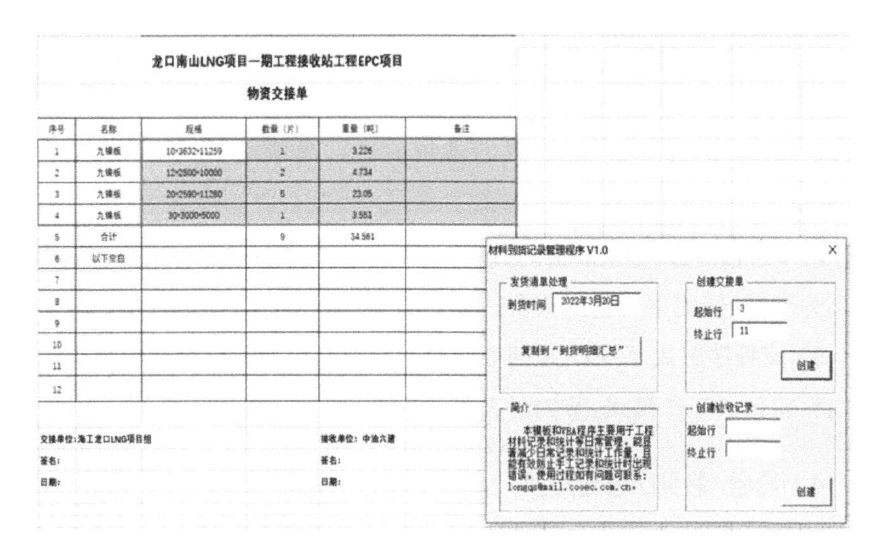

龙口南山LNG项目一期工程接收站工程EPC项目

物资交接单

序号	名称	规格	数量（片）	重量（吨）	备注
1	九镍板	10×3632×11259	1	3.226	
2	九镍板	12×2500×10000	2	4.734	
3	九镍板	20×2590×11280	5	23.05	
4	九镍板	30×3000×5000	1	3.551	
5	合计		9	34.561	
6	以下空白				
7					
8					
9					
10					
11					
12					

交接单位：海工龙口LNG项目组　　　接收单位：中油六建

签名：　　　签名：

日期：　　　日期：

(c)

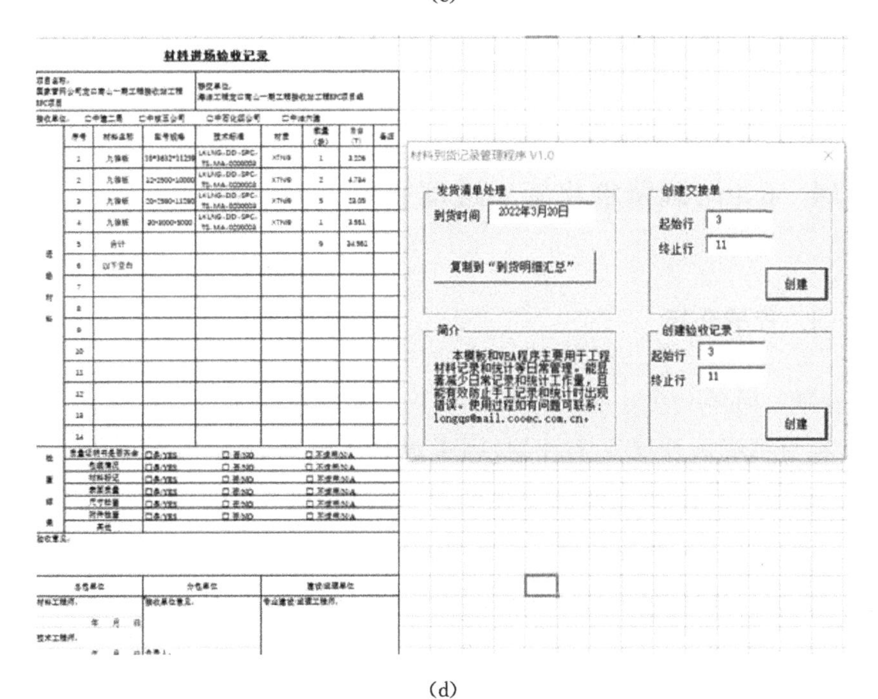

(d)

图 2.29　9%Ni 钢板到货处理程序操作流程图

3. 应用效果

1) 利用该程序对厂家提供的送货单进行操作,能显著提高工作效率,减少工作量,更为人性化。

2) 材料到货后的文件处理工作,可通过执行VBA代码实现,从而做到更为准确,避免手工输入错误。

3) 该程序解决了9%Ni钢板的进场、交接、验收、台账等问题。软件应用后简化了工作模式,节约了人力投入,提高了效益。

4. 经验/教训/思考

通过总结,梳理出材料管理中重复性工作的基本流程和规律,然后通过编程将重复性工作自动化,提高了工作效率,减少了人力投入,取得了一定效益。

2.14 6#储罐精细化施工进度管理

1. 背景介绍

为全国第一个LNG储罐半地下工程保驾护航,2022年春节过后,项目组积极开展复工计划,因考虑全年疫情影响,要提前预防可能出现的各类延误工期的突发情况,需要将原6#储罐进度计划提前。面对复杂的地质条件、多变的天气因素、紧张的进度压力,项目组需要重新规划节点进度控制,优化现场管控能力,保证进度按新制订的计划落实。

2. 应对措施

1) 现场采取两班倒、人歇设备不歇的管理制度,优化交班交接流程,保证24 h满额工作量,每一阶段完成当天开总结会议,提前规避后续各施工衔接阶段可能出现的问题,见图 2.30。浇筑期间面对站外商混站供应的情况,统筹分包及总包人员驻站进行跟踪管理,确保混凝土供应及时,质量有保障。同时每日对项目进度进行追踪分析,做到今日事今日毕,遇特殊情况时,现场各方 24 h 有值班人员进行沟通解决(图 2.31)。

图 2.30　防水层焊缝检查

图 2.31　浇筑现场

2）网格化人员管理，设计单位、业主、监理单位、施工单位均有专门责任人进行对接，实行“一个抓一个”的有效沟通渠道，面对可能出现的各种设计改动或各方意见，均能高效进行传达并形成统一意见落实到具体措施，不耽误现场施工进度。

3）对每日工作量进行细化管理，有专人对可能出现的天气、环保、地质等影响进度因素进行提前判断并预警，不打“无准备之仗”（图 2.32）。

图 2.32 施工监管

3. 应用效果

1）原计划 24 d 完成的垫层施工阶段，实际 13 d 完成。

2）原计划 10 d 完成的隔水膜铺设阶段，实际 5 d 完成。

3）原计划 14 d 完成的找平层施工阶段，实际 4 d 完成。

4. 经验/教训/思考

项目从上到下需要深入项目现场进行管控，管理人员要做好带头作用，从项目进度管理角度出发，合理进行施工过程中关键点管控，现场施工人员真正做到“心里有谱”，才能“手上出活”，现场发现问题，及时在现场解决，与设计单位、业主、监理单位、施工单位形成一个高效的沟通闭环渠道，这样才能有效压缩施工进度，并保质保量完成阶段性任务。

2.15　5#储罐基坑结构优化

1. 背景介绍

5#储罐作为国内首个半地下储罐，属公司首次参与半地下 LNG 科技创新项目。LNG 储罐常使用高承台灌注桩作为基础，以满足较高的承载性能要求，但 5#储罐地质勘察结果揭露，常作为持力岩层的中风化板岩较浅，我方设计以工期、成本考虑，大胆采用裸露岩层作为地基承载，以试验性、创新性技术探索 LNG 储罐基础建设形式。深基坑结构设计是一个相当复杂的系统工程，影响因素众多，如工程主体结构的布置形式、工程地质条件、建筑场地的周边环境、业主的工期要求、工程的总体施工组织、施工技术及设备等。

为确定技术可行、经济合理，既安全又成熟的开挖支护方案，必须从多方面进行比较，综合考虑，精心设计，精心施工。因此项目组从储罐基坑安全性、经济性和可行性这三个基本要求出发，全过程参与并实现了基坑结构优化，为公司积累了过程关键技术。

2. 应对措施

5#LNG 储罐平面形状为圆形，储罐承台半径为 93.4 m，基础设计埋深（至垫层底部）8.0 m，即基坑开挖深度 8.0 m。基坑开挖过程属危险性较大的分部分项工程，项目以安全稳定的支护结构为保障，以符合设计承载的岩层为目标，把控过程质量，基于现场技术角度提出施工意见和方法，确保深基坑结构安全实施。

1）以挡土及止水为主，进行储罐基坑支护结构选型。基于储罐形状，基坑支护设计选用圆形结构，保证有足够罐体施工界面的前提下，布设直径95.4 m的内边线的支护桩体。基坑设计开挖深度为8 m，开挖过程将涉及3 m左右的地下水侵蚀、超过一定深度后的土层侧倾力增大，舍弃施工难度较大的内插型钢旋喷桩及地下连续墙，选用造价适中、支护结构稳定的咬合桩，以荤素桩相互咬合形成稳定的支护结构。

2）分层、分块平衡开挖。当支护结构施工质量得到确认后，土方开挖方可按照施工方案进行，施工过程严格限制设备运行路线，开挖过程应注意支护结构偏移，当挖至设计岩层时，采用小型设备挖除，避免坑底土体扰动。

3）专人定岗，监测基坑支护形变。基坑结构的安全稳定性是土方开挖及储罐罐体结构施工的保障，项目组选定支护结构形变、侧向位移、圈梁轴力、地表沉降等二十多个监测项目，统计不同位置观测点的数值，重点分析各点位偏移差异，总结形成后续施工监测点位布放指导。

4）实时判定开挖深度岩层情况，优化坐地深度。5#储罐为半地下LNG全容式储罐，合理的持力岩层可保障承载力要求，但过度深挖将大幅增加施工成本。在分层退挖过程中，项目组发现挖至5 m后，开挖设备岩层破碎时间加长，坑底基岩整体均匀，除少部分开挖带有凹坑外，基坑相对平坦，且岩样水洗呈青黑色，硬度较大。基于以上特征，项目组组织勘察、监理、设计、施工单位召开5#储罐基坑开挖验槽专题讨论，并达成一致意见。

3. 应用效果

本次基坑结构施工属公司首次半地下LNG储罐的尝试，在项目前期方案的讨论及基坑支护结构的全过程实施中，项目组从现场技术角度提出施工意见和方法，确保了项目的平稳推进。基坑开挖的过程中项目组组织参建各方对相关关键技术进行了充分的讨论和交流，确保开挖工作的安全实施，同时在开挖过程中经过对地质情况的研究与分析，并经与勘察、设计等各单位进行充分沟通与讨论，最终对5#储罐基坑开挖深度由原设计的 8 m 抬升到 5.4 m,极大地节省了项目成本,同时也提升了后续罐体施工的结构安全性、便利性。

4. 经验/教训/思考

1）基于设想,提前布局。考虑 5＃半地下储罐为全新的地基承载构建形式,项目组便在 1－4＃储罐施工过程中开展筹备工作,组织勘察单位取土样测地层情况,反馈设计考量持力岩层深度。在 5＃储罐中心布设地下水位观测点,定期测量,留存数据,评价大孔隙地层下潮汐及水位对基坑施工过程的侵蚀风险。

2）质量管控,数据落实。基坑施工重难点在于考虑实际工程地质情况、周边已有建筑环境下,采取一定技术措施和设计对策,保证施工安全可靠性。各部门需加强质量人员管理,落实落细支护结构施工数据,修补支护结构缺陷,对基坑监测项目以日、周报形式统计,适时开展专题讨论。

3）实时反馈,以现场实际优化基坑结构。基于基坑开挖的岩层判定,应从现场实际开挖情况出发,时刻对初步勘察情况做好存疑、学习的准备,同设计、勘察单位交流已揭露岩层情况,确定施工基调,并以实际地基载荷试验数据作为支撑文件,出具设计变更。

第三章

漳州 LNG 项目接收站工程 EPC 项目案例

1. 背景介绍

自 2019 年 2 月 11 日起，漳州 LNG 总包项目组正式开始储罐桩帽施工，项目组质量管理部在 2＃储罐完成 200 根桩帽施工后，在巡检过程中发现其中有较大规模桩帽混凝土外观出现了“表面裂纹”“表面气孔”“根部麻面”“表面粘皮”等问题，据统计共计 38 根。发现问题时间为 2019 年 4 月 22 日上午，发现隐患当天，由项目组领导班子牵头，会同业主、监理单位与施工单位在现场第一会议室召开专项讨论会议，并要求施工单位暂缓桩帽施工，根据三方专业工程师意见与建议，针对出现的桩帽施工混凝土外观质量隐患建立了课题研究、进行了原因排查、制订了对应措施，并对这一课题进行了可行性分析。最终，项目组采用 PDCA 分析法、鱼骨图分析法等，基于人员、环境、材料、机械、方法等主要方面，排查出了问题所在，为后续的桩帽施工提供了强有力的保证，并有效地控制了混凝土外观质量隐患的发生。

2. 原因分析

1）由于储罐桩帽模板采用定制圆柱钢模板，在模板施工前根部混凝土找平不到位或模板施工完成后根部外封堵缝隙不到位就会导致模板根部出现缝隙，在桩帽混凝土浇筑过程中钢模板根部容易产生漏浆，造成根部麻面现象。

2）在桩帽混凝土浇筑时入模温度控制不好或浇筑完成后养护不到位都会对混凝土造成温度裂纹。在桩帽混凝土浇筑过程中，如果振捣不满足规范技术要求，则会造成混凝土中气泡不能有效排出，拆模后桩帽混凝土外观质量达不到理想要求。

为了提高储罐桩帽混凝土外观质量和减小返工率，选择 2＃储罐 4 区 38 根桩帽混凝土外观质量作为本次上报的重点案例。

3. 应对措施

1）针对桩帽根部麻面：要求施工人员在模板安装前采用混凝土找平，桩帽采取砌砖胎膜浇筑混凝土找平，在模板安装完成后根部自拌砂浆封堵，避免因找平不到位在模板根部形成过大的缝隙。

2）针对表面气孔：要求施工人员在混凝土浇筑施工全过程中，特别是在浇筑混凝土时每次放料高度控制在 2 m 以内，分层浇筑高度控制在 0.5～0.8 m，不能过高，这样利于振捣时排出混凝土内气泡。振捣器与侧模保持 0.1～0.2 m 的距离，振捣时采取快插慢拔的方法，振捣器不能碰撞模板。圆柱混凝土振捣时沿圆周振捣一圈，间距小于振捣棒振动半径的 1.25 倍，然后在中心振捣，要求速度快，不能过振，振捣时间为 15～30 s。全程浇筑振捣由 QC 人员监督旁站指导，防止过振或漏振。

3）针对拆模过早粘皮：要求施工单位在混凝土浇筑后延长拆模时间，混凝土浇筑完毕后的 12 h 内带模浇水养护，拆模后及时用塑料薄膜包裹密封，并对混凝土面进行洒水养护。由于桩帽为抗渗混凝土，浇水养护至少不低于 14 d。

4）针对养护控制不到位：要求施工单位在桩帽施工全过程中，必须组织专门的养护队伍进行养护并随时跟踪进行观测，如有养护不到位的及时浇水养护。专业养护队伍对桩帽外侧密封薄膜保湿层进行维护，如有破损及时修复，确保桩帽混凝土养护水分不流失，避免因桩帽养护水分流失造成混凝土表面裂纹。

在项目组及各单位的大力支持配合下，通过本次 2＃储罐 4－1/4－2 区域混凝土外观质量问题，我们开拓创新，锐意进取，遇到问题第一时间解决，成功地减少了桩帽混凝土的温度裂缝、干缩裂缝，以及桩帽根部麻面烂根等质量通病。储罐完成施工后桩帽侧面裂缝 0 条，根部轻微麻面 1 处，拆模过早表面脱皮 0 处，表面气泡眼明显减少 27.7％，整体质量效果达到 98％。

4. 应用效果

通过项目组全员及全体一线施工人员的共同努力，使用科学有效的施工方式，有效地减少了桩帽混凝土侧表面的裂纹、气孔眼、麻面、烂根等质量通病，使得 LNG 储罐工程桩帽混凝土的施工质量得到了很大的提高。公司质量部门、监理、质监站等有关技术人员对桩帽进行验收时，发现 1＃、2＃储罐桩帽混凝土裂缝明显较少，而且表面没有蜂窝、麻面及不平整，达到并超过了原先制定的目标。

通过全面质量管理（TQM）大师戴明所创立的 PDCA、质量先驱费根鲍姆所创立的鱼骨图等一系列国际先进理念的运用，不仅开拓了施工管理人员的思维方式，还增强了整个现场施工小组成员的团队合作意识，为今后的高水平、高质量管理打下了坚实的基础。

1）经济效益

调查的桩帽混凝土通过科学、有效的混凝土施工：

（1）节约裂缝返修人工费：200 元/工日×150 工日＝30 000 元；

（2）节约裂缝、麻面返修材料费：30 000 元；

（3）机械费：15 000 元；

共计节约费用 75 000 元。

2）社会效益

减少了混凝土裂缝、麻面烂根、脱皮的产生，提高了混凝土的抗裂性、抗渗性和耐久性，保证了储罐桩的使用功能，减少了因为桩帽裂缝超标造成的返修而产生的材料、人工的浪费，也成功地减少了储罐桩帽混凝土裂缝、麻面、气泡眼、脱皮等质量通病。优质的储罐桩帽结构是工程创优夺杯的坚强后盾，为项目把好了质量的源头关。

第四章

天津 LNG 替代工程项目案例

4.1　储罐承台局部开裂

1. 背景介绍

2016 年 11 月 21 日，承台浇筑完成后，项目组组织监理和施工单位的现场质量土建工程师对承台进行缺陷检查时，发现承台下表面分区浇筑施工缝附近出现部分浅表裂纹。

2. 原因分析

针对上述裂纹问题，项目组积极组织监理、施工单位和研发中心对裂纹成因进行了专项分析：

1）原材料中砂石级配不好，引起水泥使用量增加，石子颗粒相对较大，引起混凝土裂缝较多。

2）从测温记录分析，浇筑速度过快，浇筑完成 2～3 d 温度即达到峰值，不利于散热。混凝土养护过程中，混凝土温度过早达到峰值，上表面蓄水养护降温过程过快，单天降温最大值达到 6 ℃，各测温点降温不均匀。

3）从裂纹统计图来看，裂纹主要集中在分区位置附近，与同类项目相比，承台分区边角过小，造成应力集中现象，建议优化分区范围。减小分区范围可降低单区浇筑方量，控制浇筑时间。浇筑完成后初期承台中心温度最高，上部温度最低。浇筑时间位于 9 月中旬，承台下方未采取围挡防风措施，失温过快，热量散失过快。

3. 应对措施

1）裂纹修补材料为水泥基灌浆料、环氧树脂材料、止水针头等。

2）搅拌方式为将拌合物放在铁桶里用冲击钻特殊加工的电动搅拌。

3）修补方法为先对裂缝切“V”型槽后用水泥基无收缩灌浆料封堵，

修补前用清水将“V”型槽冲洗并充分湿润，不得有积水，灌入灌浆料填满“V”型槽后，必须用“铁抹子”抹压，确保填充密实，上表面和承台面平齐，修补完成后应及时对修补的区域覆盖保湿养护。

4. 经验/教训/思考

1）进一步优化配合比。

2）建议以后项目在现场进行充分试验来判断采取干养还是蓄水养护。

3）建议对承台分区进一步优化，确保承台分区间边角大于90°，在以后的项目中，增加承台的分区数，达到8～9个区，进行跳仓浇筑，保证浇筑间隔时间至少达到7 d以上，尽量保证间隔时间达到14 d及以上。

4）控制浇筑速度，及时养护，并加强混凝土温度控制。

通过上述案例分析，丰富现场施工经验，为之后类似项目施工提供质量保证。

4.2 9%Ni钢焊接缺陷

1. 背景介绍

2017年11月，项目组组织监理单位和施工单位的质量焊接工程师在对现场焊接巡检过程中发现有个别焊工在焊接作业前未进行焊接位置预热，作业时未对焊条筒通电加热且未封闭筒盖。同时在9%Ni钢内罐二层底环板、内罐底环板、内罐加强圈焊缝无损检验中发现不合格的4张RT底片，主要产生的位置在带垫板的内罐二层底环板焊缝上，其中1张底片存在链状气孔缺陷，其他3张底片存在夹渣缺陷。

2. 原因分析

针对上述缺陷问题，项目组积极组织监理、施工单位对焊缝缺陷成因进行分析：

1）焊工对 9%Ni 钢板及 9%Ni 焊条不熟悉，且焊接作业前没有认真学习焊接工艺流程；

2）9%Ni 焊条使用前未进行烘焙除湿，且在焊接作业时焊条筒通电不盖盖或不通电；

3）焊工在焊接作业前未能对焊接部位进行有效的烘烤预热处理；

4）焊工在焊接作业前对焊接区域清洁度不够，对焊接层间的清理工作不彻底。

3. 应对措施

1）安排焊工班长或者焊接经验丰富的焊工对缺陷位置进行 100%返修；

2）质量焊接工程师全程跟踪返修过程，严格把关；

3）对于多次出现焊接缺陷的焊工，禁止再从事本项目的相关焊接工作。

4. 经验/教训/思考

1）现场质量专职人员做好“事前控制”“事中控制”和“事后控制”三个方面；

2）每天焊接作业开始前，对焊工进行焊接工艺宣贯，使每个焊工熟悉各种焊接工艺流程；

3）9%Ni 焊条使用前进行统一的烘焙除湿，然后再进行分发使用；

4）在焊接过程中规范焊工焊条使用情况，规范焊工每次焊条领取数量，每次领取的焊条数量不得超过半个工作日可焊接的数量；

5）加强现场质量人员的检查力度，随时检查焊工焊条筒通电及焊条筒使用情况，禁止出现焊条筒不通电、通电不盖盖的情况；

6）让施工单位增加烤把数量，确保每两名焊工至少有一个烤把，杜绝因不烘烤预热即实施焊接的情况发生；

7）加强焊接层间清理工作，增强焊工责任意识，确保层间清理干净。

通过上述案例分析，加强现场监控措施，保证了之后的焊接质量，使得天津 LNG 替代项目焊接 RT 检验合格率达到 98%以上。

第五章
福建 LNG 接收站储罐项目案例

5.1　电梯及逃生梯 A 楼梯扶手

1. 背景介绍

在施工电梯及逃生梯 A 时，由于电梯及逃生梯 A 的结构框架部分先施工，在施工楼梯扶手时栏杆的上部横杆与框架的斜向支撑紧贴，上下楼梯时无法握住栏杆。上下楼梯时会有一段楼梯扶手无法正常使用，存在一定的安全隐患，见图 5.1。

图 5.1　逃生梯 A

电梯及逃生梯 A 的钢框架，包括斜向支撑，按照结构专业图纸施工，楼梯扶手按照建筑图施工，专业之间可能没考虑到留设空间的问题。

在最初设计过程中，由于没有电梯逃生梯的设计经验，没有考虑扶手与斜向支撑的间距，在出现问题之后，收集相关资料，学习这方面的经验和知识，做出了有针对性的改进。

2. 应对措施

在后续的 LNG 接收站的设计中，各专业之间相互沟通，充分考虑这类问题。

5.2 钢结构直爬梯设置

1. 背景介绍

福建 LNG 站线项目秀屿接收站 5＃、6＃储罐工程在“三查四定”阶段提出多处钢结构直爬梯存在不方便通行的问题(图 5.2)，影响后期运行阶段通行，存在安全隐患。

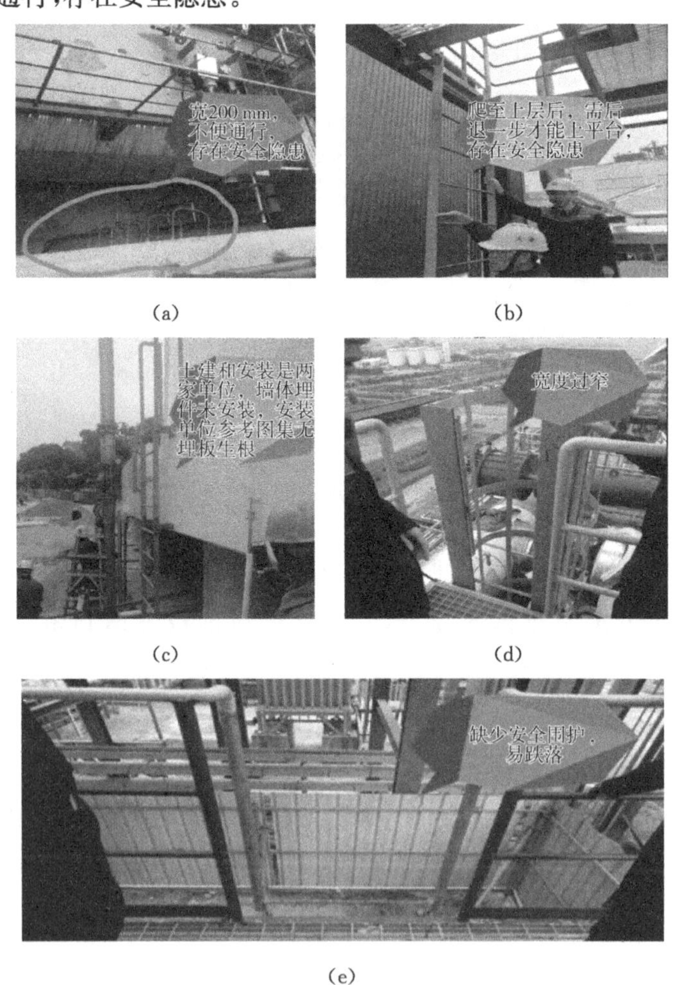

(a) (b) (c) (d) (e)

图 5.2 直爬梯存在的安全隐患

2. 原因分析

1）施工人员只参考图集进行施工，不考虑现场操作问题；

2）设计人员在图纸中仅给出图集号，也未完全考虑现场操作是否方便；

3）设计人员给出图集号，安装单位在土建单位施工完成后才能参考图集安装，但是安装单位未提前告知土建单位埋板条件，导致无埋板生根。

3. 应对措施

发现此问题后，经与设计人员沟通，图(a)通过植筋加宽了爬梯宽度；图(b)将直爬梯移至对侧安装；图(c)用膨胀螺栓生根；图(d)切除两侧角钢部分宽度；图(e)增加活动横杆。

4. 经验/教训/思考

看似只是一个小问题，但是影响工程形象和设计形象，不便于检修操作，存在安全隐患，也反映出了设计人员在设计过程中对于细节的关注程度不够以及设计与现场施工在一些问题上存在脱节的现象。

设计人员设计时要充分考虑巡检操作需求，多与运行操作人员沟通，了解实际使用需求；设计单位与施工单位加强沟通，做好交底工作，使施工人员能理解设计意图。

5.3　H 型钢柱弱轴方向柱间支撑安装

1. 背景介绍

BOG 压缩机为典型成套设备，除压缩机本体、主电机外，还有水站、油站、空冷器等辅机，以及级间缓冲罐、气体管道、油水管道、设备、管道支架、就地控制盘和大量仪表。压缩机安装图纸见图 5.3。

厂商设计的设备、管道支架图纸到场较晚，分包合同中压缩机安装一项过于笼统，未列出设备、管道支架材料及安装清单，施工单位拒绝加工这批钢结构，现场启动紧急采购，因批量太小，采购非常困难。

压缩机配管时发现厂商没有提供水站到压缩机界区、水站到冷却器的管道图，这部分管件也没有供货，现场紧急提出补充采办申请。

厂商提供的气体管道图纸没有水压试验要求，油、水管道图纸没有射线检测要求，现场无法检验，影响压缩机顺利安装、推迟调试时间。

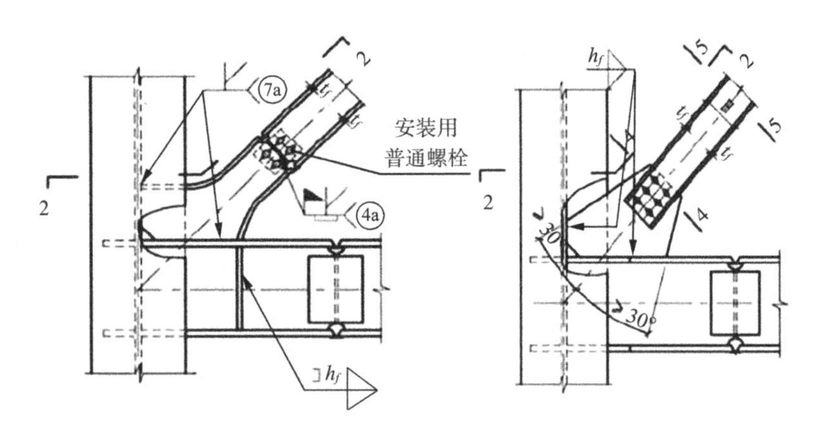

图 5.3　压缩机安装图纸

2. 原因分析

1）设计人员对成套设备包的了解和认识不足。

2）初步设计时水站、空冷器设计在BOG压缩机厂房外，技术谈判时厂家提出水站、空冷器设计在厂房外管线不属于成套包范围，会后经讨论将水站、空冷器移至厂房内，但因是业主采办设备，信息传递环节多，造成漏项。

3）设备厂家返回资料后，设计人员对图纸校审不够细致。

3. 应对措施

由于成套设备涉及的专业较多，因此在成套设备设计过程中，设计人员应对成套设备的性能参数、设备结构有全面了解，也应对安装的基本知识有相应了解，同时要对厂商文件审查、意见反馈做好记录，严格按设计程序做好各专业条件传递，鼓励设计人员到现场参与安装。

4. 经验/教训/思考

对成套设备认识不到位，对 EPC 总包内涵认识不深刻。

5.4　仪表阀门供气接口

1. 背景介绍

仪表阀门供气接口通常有 1/4″(″表示英寸，1 英寸＝0.025 4 m) NPT、1/2″NPT、3/8″NPT 等，为了统一，设计决定在阀门采购中由厂家提供转接头，小于等于 1/2″NPT 的统一为 1/2″NPT，但实际到货存在以下问题：

1）厂家未提供转接头；

2）厂家提供的转接头不是 1/2″NPT。

2. 原因分析

阀门投标一般由代理商进行，此转接头一般由代理商提供，但因其存在疏忽、技术能力不足等，导致上述情况发生。

3. 应对措施

统计到货的阀门供气接口和转接头，对缺少的和不符合的要求厂家提供。不再统一供气接口尺寸，而是根据到货阀门供气接口进行设计。

4. 经验/教训/思考

根据到货阀门供气接口进行设计。

5.5 FGS 直流电源配电

1. 背景介绍

FAT 之前，自控专业给 ABB 提供了用电负荷，但没有引起 ABB 有关工程人员的重视，ABB 只按 DCS 对现场仪表配电的一般做法进行了电源容量配置。

FAT 中，发现 FGS 机柜配 24 V DC 电源为四对 20 A 电源，总容量 160 A，没有余量。考虑到 FGS 系统现场设置的火气探头和声光报警器较多，而且耗电量比一般的现场仪表大，自控专业担心 FGS 配置的 24 V DC 电源容量不足，将来系统投运后，当现场火灾或可燃气体事件发生时，会因供电负荷不足导致区域声光报警器不能正常工作。于是，我方敦促 ABB 根据我方提供的用电负荷进行重新配置，结果是，在原配电容量基础上再增加一对 20 A 24 V DC 电源设备，使总供电能力达到 200 A 水平。

由于发现问题及时，并在设计阶段进行了修正，因此并未对项目产生大的影响。但增加了 FAT 工作的复杂程度，导致系统厂家需对电源设备进行整改，同时设计人员也要进行二次 FAT，增加了差旅成本。

当 FGS 系统电力不足，火气事件发生时，将会导致区域声光报警器不能正常工作，电笛声音较小及闪光报警器发光较弱，不能引起现场人员的注意，可能导致人员生命或财产损失。补足了供电容量后，将会避免上述事件的发生，保障 FGS 安全运行。

2. 原因分析

这与 ABB 工程部负责该项目的工程师有关，该工程师没有按实际计算配置电源容量，没有考虑最大负荷和考虑余量，而是仅根据柜子数量做了一般估算。

3. 应对措施

自控专业协助 ABB 复核 FGS 产品的用电负荷，进一步向火气产品厂家索取了火焰探测器探头、可燃气体探测器探头、声光报警器等现场火气设备的最大用电负荷参数，把可能发生的最大用电量计算出来后，ABB 同意再增加 40 A 的容量。在进行中控系统(DCS/ESD 或 SIS/FGS)设计时，转变观念，重视机柜对现场仪表 24 V DC 供电容量问题，不要认为那只是系统厂家的事，也不要认为系统厂家供电没有问题，一定要根据每一台现场仪表的最大工作用电负荷进行总用电负荷计算，然后把总用电负荷条件提给系统厂家。FAT 时，应对系统厂家的供电容量进行复核。

4. 经验/教训/思考

在设计过程中，尤其是 EPC 项目，FGS 系统不像一般 DCS 系统，只根据机柜数量估算 24 V DC 电源容量就可以了，甚至也不用向控制系统厂家提供现场仪表用电负荷。事实上，火气产品正常运行时的耗电量是比一般仪表要大的，如果生产过程中发生火灾和有害气体泄漏的面积较大，还需要考虑多台声光报警器同时激励发生声光一片的可能性，这时的用电负荷是最大的，设计要向控制系统厂家提供这个最大用电负荷，系统厂家还应在此基础上增加 1.2～1.5 倍的容量。

5.6　仪表电缆桥架隔板

1. 背景介绍

在设计交底中发现，没有对 5＃、6＃储罐 400×200 电缆桥架订购隔板材料。隔板适用于在桥架中隔离本安信号电缆和非本安信号电缆，从而使本安信号不受干扰，是不能缺少的材料部件。

由于发现问题在采办后和安装前，因此并未对施工产生大的影响。因新增隔板材料，增加了专业设计更改通知单和采办工作量。生产运行时非本安仪表电缆会对本安仪表电缆信号产生干扰。

2. 原因分析

1）在设计中，一是仪表电缆桥架采用了三维设计，自控专业配合，主要由三维建模人员进行路径规划和实施；二是自控专业设计人员在一定程度上放松了对电缆桥架的关注。

2）原自控方案是两根 400×200 桥架并排上罐，一根用于敷设本安电缆，另一根用于敷设非本安电缆，但三维建模时桥架上罐后，是一左一右向相反方向进行敷设的，即两个方向区域的电缆既有本安的也有非本安的，不可能只一种电缆进入附近桥架，如此，隔板问题就发生了。

3. 应对措施

经专业讨论，决定两根 400×200 电缆桥架内各自安装隔板，出设计更改通知单，向采办部门提出增采申请进行增采。在后续的 LNG 接收站设计中，已由自控专业进行三维建模，完成对电缆桥架的全程设计；同时设计应树立 EPC 总包的理念，周全考虑，加强横向思考，力争杜绝细节上的遗漏。

4. 经验/教训/思考

设计人员应对所负责区域内的仪表桥架的详细规格负责，除了配合三维规划路由之外，还应充分考虑材质、尺寸、结构以及是否需要隔板等，对提交采办的材料规格负责。

5.7 蝶阀安装方向

1. 背景介绍

根据蝶阀的构造，蝶阀在安装过程中需要注意密封方向和流体方向的关系。施工队完成蝶阀安装后，设计人员发现部分蝶阀的密封面方向与工艺流程图所要求的不符。

蝶阀的安装方向对流体的密封作用有着重要影响。若安装方向与工艺要求的方向不符合，则容易造成阀门密封作用减弱。由于蝶阀与管道的连接方式为焊接连接，并非法兰连接，若安装方向错误，则只能采取已经焊接的阀门、管道切割后重新焊接。

2. 原因分析

1）施工经验不足，施工队在管道安装过程中一般只关注管道轴测图和管道平面布置图，极少关注工艺流程图。

2）管道轴测中的箭头代表管道中流体方向，轴测图中不显示密封方向；蝶阀阀体上的箭头代表阀门的密封方向。

3）施工队没有查阅工艺流程图，蝶阀阀体上的箭头标示方向与轴测图中的一致。若工艺要求的密封方向与流体方向相反，则导致安装方向错误。

3. 应对措施

对本次项目安装的所有蝶阀进行检查，确定安装方向是否符合设计文件的要求。对安装方向错误的焊接蝶阀进行切割重新焊接。

后续的项目中设计文件将增加球阀、蝶阀的安装说明；设计人员需在阀门交底会中着重强调阀门的安装方向；施工技术员需认真查阅所有相关的设计文件，在焊接阀门施工中建议施工队在咨询了施工技术员后再进行施工。

4. 经验/教训/思考

在焊接阀门安装过程中，必须注意阀门的安装方向，一旦方向错误，只能切割重新焊接。根据现场了解到以下情况，以下阀门必须重点注意安装方向：

1）对密封面提出明确要求的蝶阀；

2）部分带有高压端、低压端的球阀(现场为法兰阀)；

3）截止阀：一般情况下应遵循流体“低进高出”的原则，阀门厂家会对部分截止阀的安装方向有明确要求，须认真阅读厂家资料。

5.8 罐顶平台气动蝶阀操作平台

1. 背景介绍

罐顶进料口N1、N2管线上的气动蝶阀上的手动操作压杆位于设置的平台之外，在需要人工操作此压杆时，需要操作者系安全带，站在管道保温层之上，给操作者带来一定程度的安全隐患。另外，该平台的立柱与蝶阀的保冷层冲突，给保温工作带来了困难。经管道专业提修改平台条件，结构专业修改原有平台。

通过分析，若更换阀门执行机构的方向，则可以解决操作阀门压杆的问题，但是阀门上的指示仪表盘也会随之镜像到另一侧，原有平台不能起到作用。若减小阀门保冷层的厚度，则容易漏冷，阀门外体结冰。结合现场实际情况分析，对平台移动一定距离躲开阀门的保冷层，并对原有操作平台进行加高加长处理。

2. 原因分析

蝶阀的安装方向确定之后，阀门执行机构也随之确定，管道前期配管过程中一般只注重阀门的长高问题，很少关注阀门上的一些操作及其附属机构。阀门在模型中的形状与现场实际阀门的形状也存在差别，尤其阀体的宽度要大于管道的直径，但在模型中未体现此差别，导致模型审查时未发现阀体保冷层与操作平台立柱碰撞问题，见图 5.4。

图 5.4　阀门及管理模型

3. 应对措施

因无法操作阀门压杆问题，提出更换阀门执行机构，而这需要联系阀门厂家，时间比较长，阀门操作平台需要镜像到另一侧，但空间有限，无法再加操作平台。结合现场实际情况分析，对平台移动一定距离躲开阀门的保冷层，并对原有操作平台进行加高加长处理，这样便解决了阀门操作压杆的问题以及阀门保冷层与平台立柱碰撞的问题。

1）根据阀门订货情况，仔细核对外形结构长度，避免碰撞问题。

2）设计时适当增大空间，以减少施工误差带来的碰撞问题。

3）收到设备供应商的资料后及时复核修改。

4. 经验/教训/思考

1）缺乏对蝶阀结构的认识，三维建模与现场的差异导致了现场施工的返工。

2）在收到订货资料后需及时发给相关设计人员进行复核修改工作。

5.9 PSV 阀与底阀连接

1. 背景介绍

PSV 阀和底部蝶阀到货后，施工单位进行安装，发现 PSV 阀和底阀法兰无法紧固，螺栓无法贯穿法兰，见图 5.5。因管线无法完成安装，在后续处理中，增补了法兰，增加了项目的费用，影响了工期。

图 5.5 PSV 阀与底阀

2. 原因分析

因 PSV 阀的螺栓紧固结构为法兰螺栓孔带螺纹紧固，蝶阀的阀杆处螺栓孔也为法兰螺栓孔带螺纹紧固，导致其紧固方式不匹配，在蝶阀的到货资料中，也无此部分的详图，导致 PSV 阀和蝶阀不能进行连接。

3. 应对措施

增加两片法兰，使阀门和 PSV 阀能够紧固。为避免以后再发生此类问题，在后续设计中，PSV 阀和底阀中间增设两片法兰。

4. 经验/教训/思考

在审核蝶阀厂家图纸时，图纸中无此问题的反馈，在部分接收站的设计中也有蝶阀和 PSV 阀直接相连的设计，参照前期和其他项目设计，按照直连设计，导致重新采办法兰，耽误了施工周期。

5.10　储罐管口与管道法兰不匹配

1. 背景介绍

在储罐施工过程中，发现部分储罐管口的材质为不锈钢，而管道的材质为碳钢，紧固件不匹配，施工队按照单管图无法安装。设计修改单管图中的紧固材料，施工队再行采买，完成管道的安装工作，见图 5.6。

图 5.6　储罐管道

2. 原因分析

在管道专业和设备专业的设计协助过程中，曾发布过一版管口文件作为设计输入条件，但后续因业主审核意见等原因，管口材质部分进行了修改，现场已发布变更单，但未提交给管道专业，故导致了两专业文件不匹配。

3. 应对措施

重新核对管口文件、工艺PID文件，按照管口文件，若管口为不锈钢，管道为碳钢，则按照不锈钢的等级修改紧固件材质，重新让施工单位采买，然后完成施工作业。管道专业在出图前需跟设备专业进行会签，设备专业应按照最终的管口方位图，进行图纸的设计，后续在施工过程中的管口规格材质发生变化，应及时做好条件的传递。

4. 经验/教训/思考

重新采买紧固件，导致了原有紧固件的浪费，也拖延了工期。

5.11 力阀质量

1. 背景介绍

福建项目按照采办策略，大口径工艺阀（指口径2英寸以上）采用进口，总承包单位按照中海油集团招标中心要求在北京采办部的招标中心进行了公开招标，按最低价中标方法，西班牙力阀公司成为中标单位。因其在国内业绩较少，根据其提供的最近业绩，考察了陕西众源绿能天然气有限责任公司，根据厂家的反馈及现场察看，我方认为西班牙力阀提供的球阀满足技术要求，认可其中标的事实。依据福建项目交货期，西班牙力阀中标的阀门到场后验货发现：阀门质量外观同审核图纸不符、外观质量不过关，存在很多缺陷，见图 5.7，因此对西班牙力阀的阀门质量产生疑惑，并最终提出重新订购的方案。

按照福建项目的生产进度，重新订货影响到了机械竣工的日期，使项目进度产生了严重的滞后，给我方造成了很多被动局面，也让业主方对我方留下了不良的感观，影响比较恶劣。

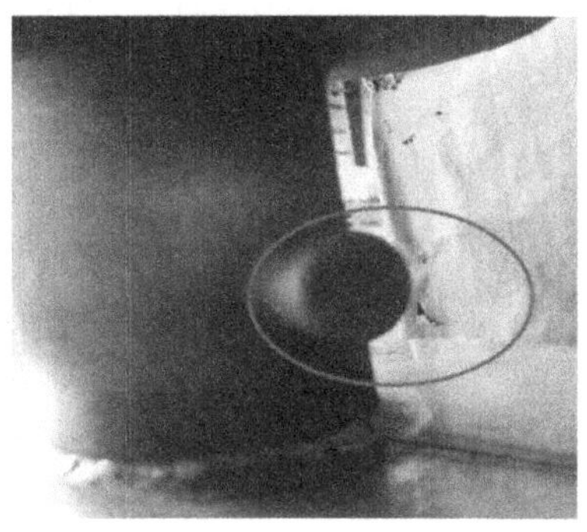

图 5.7　存在质量问题的阀门

2. 原因分析

本次采购出现问题最主要的原因是西班牙力阀厂家的阀门存在质量问题，第三方人员也未起到监督作用，在阀门外观并不符合阀门总装图，甚至表面还存在很多问题的情况下就签字放行，导致了后续一系列问题的产生。

3. 应对措施

从项目工期和阀门质量两个方面进行了综合考虑，公司和项目组经过多次会议磋商，最终决定向业主申请此批阀门国产化。

首先是本次阀门涉及的口径最大只有 12″，国内厂家有制造经验和使用业绩；其次是国内厂家可以满足供货周期的需求，可以最大限度地减少因本批阀门造成的工期拖延。

1）加强设计人员自身的设计水平，牢把设计质量关，对厂家返回的订货资料严加审核。

2）加强学习和交流，了解阀门行业动态和厂家具体情况。

3）跟踪阀门后续运行情况，及时收集不同阀门供货商的实际情况。

4. 经验/教训/思考

在此次阀门采购中，对待西班牙力阀这种在国内鲜有业绩的进口阀门厂家，处理态度还需要谨慎，虽然事故原因本身也是阀门供货商质量问题，但是侧面也揭露了我方人员对于 LNG 行业内合格供应商不大了解的事实。设计人员和采购人员应加强对行业现状的学习和了解，在自行采购时对于不熟悉的厂家应持有更慎重的态度，将采购风险降至最低。

第六章

粤东及深圳 LNG 接收站储罐项目案例

6.1　工艺系统专业

6.1.1　运行初期 BOG 处理

1. 背景介绍

目前多数 LNG 接收站在运行初期，都存在外输量较小乃至零外输的工况，无法利用传统再冷凝技术处理 BOG 而不得已放空火炬燃烧，既造成能源浪费又污染环境。在接收站工艺设计中，需要结合项目的实际情况，包括周边用气环境、地理位置等，从业主的角度考虑接收站运行初期的 BOG 处理。粤东 LNG 采用液化与 CNG 相结合的方式，深圳 LNG 采用高压外输的方式。

在接收站运行初期，采用上述工艺处理站内产生的 BOG，达到了回收资源的目的，也有效降低了污染。如果接收站外输少的工况持续时间较长，则经济效益和社会效益会更加明显。

2. 原因分析

在接收站前期工作中，多数存在一定的主观预测成分，而实际上每个项目的市场拓展、燃气管线敷设等都存在极大的不确定性。一旦与预测出现较大偏差，势必会影响接收站的正常运行工况。业主由于对接收站下游的信息量掌握不足，因此也不能提供确切的数据，而设计方面也存在调研困难及调研不足的问题。

3. 应对措施

根据每个接收站的各自特点及外部情况分别考虑，粤东 LNG 周边无任何燃气管线，采用液化处理方式为首选。但是考虑到全部液化，能耗较高，所以又增加了 CNG 处理工艺。而深圳 LNG 周边燃气管网较多，采用能耗较低的高压外输为推荐方案。

对于接收站的外输在接收站工艺设计之初就需要考虑非正常工况下的BOG处理方法，这对接收站投产后正常运行与否意义重大。结合以上两个项目经验，如果条件许可，高压外输为首选。对于无法直接外输的项目，也要考虑多种BOG处理方法。根据中海油集团公司科研课题之前承担的海总课题——BOG处理方案综合研究，采用此课题中的研究成果作为未来接收站BOG处理的推荐方案。此研究成果非常适合于接收站中初期BOG产生量复杂多变的特点。

4. 经验/教训/思考

在设计过程中，对于零外输工况重视程度不够，认为零外输仅仅为备选方案，因此在对方案的选择上没有经过调研及外部条件梳理就确定方案。接收站中BOG产生量波动很大，需要综合多种工况具体分析，这些特点就要求非正常工况下的BOG处理方式能够与之有效匹配。

6.1.2 深圳LNG卸料管线预冷接口设置

1. 背景介绍

LNG卸料管道的预冷对于接收站是否顺利接船至关重要，只有顺利接船，才能有效地进行下一阶段各种工艺设备的试车运行。但是在详细设计阶段，工艺专业对卸料管线的预冷设计仅参考广东大鹏LNG项目进行，对于预冷方案未进行考虑及深入的研究，就预留了预冷接口。在设计后期，业主考虑预冷方案时才发现设计中设置的预冷接口位置、数量和管径均不能满足预冷要求。

由于发现问题及时，在设计阶段予以修正，未对项目产生大的影响。因新增和修改了预冷所需的接口，增加了管道专业工作量。如在管道安装后才发现此问题，将会造成设计变更。

2. 原因分析

首先，在设计中对于正常运行工况关注度较高，而对于开车、预冷等方案重视程度不够，而且对于如何开车、如何预冷仅了解大致过程，对于细节过程了解得不彻底、掌握得不透彻，也未进行计算。其次，因接收站是从参考其他项目资料开始的，但有些设计还处在模仿、参考以往项目的阶段，参考的次数多了，往往会忽略一些问题，造成设计人员不能做到对设计文件中的每一处都能清楚明白。

3. 应对措施

发现此问题后，由业主将预冷方案编制工作委托给广州广钢林德气体有限公司，经过与广钢林德进行沟通，根据其最终确定的氮气预冷方案，并请教国内 LNG 接收站相关专家，借鉴了其他项目预冷的实际经验，核算预冷所需低温氮气流量，重新计算管口尺寸，设置管口位置，系统、管道专业将图纸修改完善后提交给业主。

需要深入研究 LNG 接收站技术，逐一突破设计工作的“小问题”“小不足”，加深我公司 LNG 技术的综合性。随着项目单位对设计要求越来越高，越来越精细化，只有解决了这些问题和不足，掌握更多更深的技术才可以充分应对业主的要求，减少外委，降低成本，同时增加我公司在 LNG 行业的竞争力，也是将来再承接 LNG 项目总承包的重要支持。

4. 经验/教训/思考

虽然此次发生的只是一个小问题，但小的问题往往反映出大的不足。表面仅仅是增加一个预冷接口，深层次却折射出对包括低温管道预冷技术在内的 LNG 接收站技术上的较大欠缺。还反映出了设计人员在设计中对于细节的关注程度不够，在工艺设计方面其实还存在一些甚至不少知其然而不知其所以然的“小问题”。

6.2 管道专业

6.2.1 大型超低温阀门检修吊装空间

1. 背景介绍

LNG工程使用的超低温阀门，基本为焊接连接，见图6.1。阀门安装完毕后发现有内漏情况，需要拆卸阀芯进行检修。码头操作平台上的超低温蝶阀，因其所在区域空间狭窄，高度有限，阀门拆卸困难。后根据阀门资料和模型空间模拟分析，提出了合理可行的吊装方案。

通过分析阀门结构，模拟上部空间进行抽芯操作，会同结构专业对上方钢梁进行加固处理，设置吊点，解决了将来的阀门检修问题。通过方案对比，结合现场情况提出了最优方案，仅对钢梁进行加固处理，减少了现场的修改工作量。

图6.1 大型超低温阀门

2. 原因分析

1）阀门结构形式的特殊性原因：LNG 工程使用的超低温阀门，基本为焊接连接，阀芯的拆卸通过阀体顶部的拆卸孔实现。由于阀门体形较大，且阀杆较长，阀芯只能垂直提升脱离阀体，因此需要较大的检修空间。

2）结构和管道布置设计原因：本案例中操作平台因卸料臂原因，层高受到限制，管道管径较大，没有提供非常充足的布置空间；在同类项目中，本操作平台层高相对较小，其原因是多方面的。

3）阀门质量问题：本项目采用的超低温阀门皆为进口产品，但在安装后发现内漏，可见阀门本身质量存在一定问题。

3. 应对措施

因空间受限，起初业主判断无法拆卸阀芯，提出将上部楼板开洞以便吊装的方案，但此方案存在施工工作量大、上层已安装管线仍然影响检修操作的弊端。后经查阅阀门资料，结合结构、管道等设计图纸，以及现场情况分析，模拟得出可以在现有空间进行拆卸的结论，于是提出了在阀门上方钢梁位置设置吊点解决检修问题。

在设计过程中，应着重对大型超低温阀门或其他类似设备的检修需求进行重点研究，要针对其特定需求提供解决办法，判断该方面设计的合理性和可操作性。建议结合 LNG 工程的特点，制订专项审查大纲，在适当的节点组织专项审查。

4. 经验/教训/思考

1）操作平台设计：借鉴同类项目经验，考虑到卸料臂的布置和操作、管道管径均较大且绝热厚度较厚、管道应力要求等，本操作平台层高应加高。

2）阀门检修需求：以往的设计中，对阀门的布置往往只关注安装和操作，忽视了检修和拆卸，在常规项目中，不做过多考虑无大碍，但在LNG 工程中，是需要重点关注的。

3）阀门质量把控：对于总承包项目，对进口阀门的质量把控应着重注意，是否能够在安装前乃至出厂前进行监督检验值得考虑。

6.2.2 GRP 管线止推设计

1. 背景介绍

深圳 LNG 项目海水管线在水压试验中出现海水泵出口埋地回流管线（DN350）泄漏问题，经分析发现该问题是由于水压试验测试压力时，埋地承插管线两端的盲板作用力超出 GRP 的承插口的设计强度，造成承插口脱开，发生泄漏，见图 6.2。该事件造成了施工进度延误，但通过超出操作工况的水压试验验证，增强了系统的安全性。

图 6.2　DN350 泄漏

2. 原因分析

对于 GRP 海水管线，往往只重视大口径（DN900以上）管道的设计，在弯头三通等处均采取相应的止推措施，防止水锤和盲板力造成管道的泄漏，但对小管径的 GRP 管线却没有引起足够的重视，忽视了其盲板力也可能会造成埋地承插口脱开，发生泄漏的问题。

3. 应对措施

按照水压试验的工况，对管道的盲板力进行了新的核算，经与结构专业讨论后，提出在埋地管线两端的弯头处增设止推墩的解决方案。积极总结该装置配管出现的问题，积累相关经验，并整理成专项案例，用以指导今后的类似设计。

4. 经验/教训/思考

对于 GRP 埋地管道，应关注其独特的安装和连接方式，重视盲板力的存在，积极采取合理的加固措施。

6.2.3　海水管线优化设计

1. 背景介绍

为防止意外断电停泵造成海水泵出口管线发生水锤，避免出口止回阀产生较大水击力，拟采用昂贵阻尼器的方法解决，但后期通过水锤分析计算发现，采用一般的限位架即可实现预期效果。

海水泵出口管线的震动问题一直是各个 LNG 接收站面临的突出问题，尤其是当出现流量快速调节停泵时，问题更加严重。该问题通过一种化繁为简的方式得到解决，是前期扎实的研究分析工作的结晶，可以作为典型案例供其他项目参考。

2. 原因分析

水击力是取海水管线的应力设计的重要部分，应该予以重视，但重视的同时方案设计应从费用、进度两方面进行考虑。

通过不断优化方案，后期通过合理的支架设置，同样可以达到预期效果，减少不必要的投资，见图 6.3。

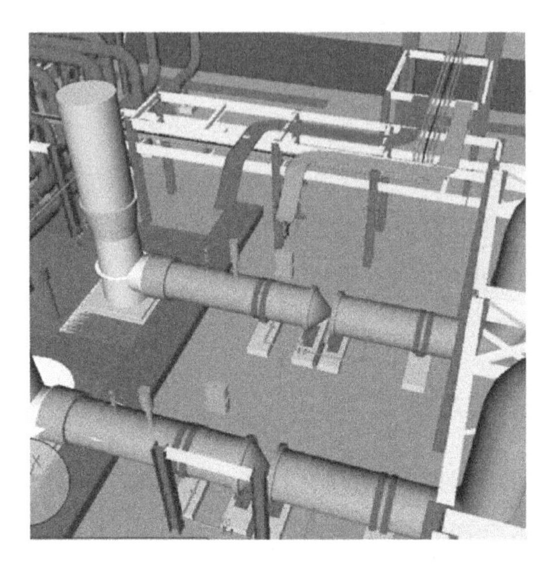

图 6.3　支架设置示意图

3. 应对措施

项目前期通过各类调研，了解到各 LNG 接收站的海水泵出口管道开停泵时震动问题比较突出，为此，设计时通过与河海大学合作，对相关水击问题进行了分析、研究和计算，并利用 AFT、CII 软件对各种工况进行了模拟。为了防止止回阀前巨大的水锤力，前期考虑设置阻尼器来解决，但后期通过不断研究、分析，最终采用了简单的限位支架，即达到了预期目的。

在以后的设计中，对于海水管线可能出现的运行工况，应进行充分了解和分析，用好用精各类应力分析软件，综合比选各类解决方案，力求得出最合适的结论。同时，应积极总结本次案例的相关经验，整理成参考案例，用以指导今后的相似设计。

4. 经验/教训/思考

LNG 接收站的海水管线具有直径大、管道材质和连接方式特殊、水锤力影响较大等特点，因此在项目设计过程中，应该予以重点关注。

消除水锤力影响的方式很多，对于采用哪种方式，需要对每一种工况进行深入的研究和分析，综合比较之后再最终确定。有时采用“高级”的设备设施不一定就是最好的解决方案。

6.2.4　栈桥位移量、荷载数据无法收敛

1. 背景介绍

该项目界面分工为：中交某航院负责码头、栈桥的水工结构设计，山东公司负责码头、栈桥结构上部的管道的设计工作。在项目初期，中交某航院未提码头、栈桥各板块的位移量，山东公司将管道应力计算荷载提交某航院供其进行结构设计。在审查某航院提供的设计文件时，发现其栈桥板块有滑动对接和固定对接两种结构，在浪涌状工况下，滑动端会存在位移。山东公司提取其位移量进行位移工况分析，栈桥管架的荷载变大，并将计算结果反馈给某航院复核，栈桥板块由于管架的荷载变大，相应的位移量也变大，双方反复交互调整计算结果，从而引起数据无法收敛，使设计工作停滞。

栈桥位移量、荷载数据无法收敛，使得双方的设计工作停滞。双方投入大量的人力用于数据核算工作，由于问题长时间未解决，栈桥的设计工作一直未能完成，因此严重拖延了项目工期。

2. 原因分析

1）在收到某航院的图纸后，未充分了解其设计理念，待发现其结构存在滑动端时已是项目设计中后期，双方再进行数据沟通，拖延进度已无法避免。

2）山东公司与某航院对彼此的工况模拟计算缺乏了解，造成了地震工况叠加计算。

3. 应对措施

业主组织某航院与山东公司召开数据分析会议，双方详细介绍了彼此模拟的工况，山东公司在管道应力计算过程中加载了地震工况，而某航院输入管道荷载数据模拟地震工况时也发现已经包含了地震工况，存在重复叠加的问题。山东公司重新提交某航院操作工况荷载，某航院负责统一考虑地震荷载，经校核发现其计算结果位移量在前期提供的位移量中已经包含。

1）严把设计输入条件关，各设计人员须认真研读合作方的设计图纸，确认所需的数据完整、准确。

2）建立良好的沟通机制，及时告知对方存在的设计风险，交流彼此的设计理念及计算依据和方法，避免工况反复叠加的情况出现。

4. 经验/教训/思考

1）在处理外公司提供的设计输入条件时，对其图纸审核不细致，未及时发现栈桥板块存在位移量，导致了双方大量的返工。

2）某航院未提前告知山东公司其栈桥板块的位移情况，双方计算工况都已模拟地震工况，因双方沟通不畅造成了后期大量的计算返工。

6.3 管材专业

6.3.1 低温小口径阀门连接方式

1. 背景介绍

本项目前期提交的设计文件对于口径 2″以下的低温工艺球阀设计为

法兰连接，但后期应业主要求，为减少因法兰连接造成的泄漏，双方会议协商将原法兰连接方式改为靠近主管一端为对焊连接，另一端为法兰连接方式，并计入 2012 年 10 月 15 日粤东 LNG 项目详细设计周例会的会议纪要第 6 条内容，但在 2013 年 7 月收到业主的传真：考虑采买和现场施工的难度，建议将以上小口径的球阀连接方式改为法兰连接，并修改相应的图纸。

此建议提出的时候，已经是 2013 年 7 月底，所有设计图纸均已入库，业主坚持更改后，涉及流程图、仪表安装图、三维模型、管道材料规定、阀门数据表、轴测图、综合材料表等文件，由于涉及很多专业，因此修改工作量巨大。

2. 原因分析

本次修改虽然是业主的意见反复造成的，但是与设计也脱不了干系，在业主首度提出更改方案时，设计应坚持立场，摆事实讲道理，将市场情况、行业惯例及阀门的制造难度等问题均一一列出，指出如果按照业主的方案施工会引发什么样的后果，有可能会对设计文件进行反复修改，造成无谓的工作量，请业主慎重考虑后再做决定。

3. 应对措施

业主坚持采购成本及现场施工难度的原则，要求设计方修改设计文件，我方考虑到以后的检修及市场的采办情况，确实存在一定的隐患，因此配合业主更改了所有相关的设计文件。

通过此次变更，反复更改文件，造成了设计的返工，无端给设计人员增加了很多工作量。在此次变更中，设计显得很被动，在以后的工作中，对于涉及很多专业需要修改文件的重大问题，应在充分调研的基础上再决定是否更改。

4. 经验/教训/思考

首先,设计上不能一味地听从业主的意见,对于该坚持的设计原则一定要坚持。如果不是工艺上的设计要求,不要做成阀门两端不一样的连接方式的非标产品,一是不利于采购,二是采办成本会增加。其次,要广泛地进行市场调研。对于小口径(2 寸之内)的低温球阀来说,一般选择对焊连接和法兰连接两种方式,但考虑到检修维护,焊接的阀门在线的情况下因口径偏小,不利于在线拆卸,因此法兰连接是最好的选择。

6.3.2 接收站工程有关腐蚀的问题

1. 背景介绍

本项目码头和接收站室外钢结构、设备外壳、电气仪表及接线箱金属外壳、电缆桥架、螺栓螺母等均存在不同程度的腐蚀情况。腐蚀可能会影响日后的生产和 LNG 接船,为保证安全生产,应在投产前完成处理。

2. 原因分析

本工程中用到的螺栓螺母材料大体分为两类:一类是奥氏体不锈钢系列,另一类是碳钢或低合金系列。奥氏体不锈钢系列不会出现腐蚀情况,而对于碳钢或低合金系列,本工程设计文件规定用于这类的螺栓连接材料应进行 PTFE 涂层处理来增加耐腐蚀性能,且盐雾试验应达 2 500 h 以上,所以此类的螺栓螺母也不应该出现腐蚀情况。如果碳钢类螺栓出现腐蚀情况,则应该是涂层在安装过程中被破坏,有本体裸露受到环境的腐蚀。

3. 应对措施

因对现场情况还不了解,目前只能做出初步判断,认为是现场的碳钢类螺栓因各种原因涂层被破坏裸露本体而受到腐蚀。处理方案如下：

1）参考福建项目现场对螺栓的防腐处理方法，即对表面进行处理，涂抹防腐剂或润滑脂，加装聚乙烯保护帽进行保护，加装完成后对边缘进行密封处理，防止水分进入，空间狭小的采用蜡磁带包覆防腐。

2）将已腐蚀的碳钢类螺栓全部退厂重新进行涂层处理。处理后的参考照片见图 6.4。

图 6.4　螺栓防腐处理

6.3.3 "八"字盲板

1. 背景介绍

在粤东 LNG 接收站机械完工验收中，发现现场安装的"八"字盲板与设计采用的插板/垫环不符，需要进行整改。根据专家会上建议，结合安装现状，设计确认对 4″以下的"八"字盲板进行整体保冷，对超过 4″的"八"字盲板进行机械加工改造成分离式插板或垫环（图 6.5），涉及改造的"八"字盲板 18 套，对项目工期造成一定影响。

对于供货与设计不符的原因，设计单位组织相关专业进行事件自查，通过审阅设计文件、请购书、请购料单、技术澄清和往来传真等内容，各相关专业的文件中文均为“插板/垫环”，英文为“line blind and spacer”，没有出现“八”字盲板”(spectacle blind)的规格描述。问题可能更多地产生在采购验收环节。对该事件，设计单位进行了专题调查并形成自查情况报告。

图 6.5　整改超规格的“八”字盲板

采购安装与设计不符，在低温 LNG 工艺管线上使用“八”字盲板，使项目运行和维护存在隐患，可能造成的影响主要有两个方面：一是露在保冷层外面的盲板会形成冷桥，漏冷结霜；二是盲板会形成持续的扭力或剪切力，在管线运行冷热温变过程中增加了孔板法兰连接处产生松动和泄漏的风险。

整改方案对项目的顺利试运行造成不利影响，特别是采用机械加工方式改造为分体式盲板和环垫，安装后还需对管线进行气密试验和干燥，造成费用增加，计划调整。

2. 原因分析

1) 在相关专业的文件中，在中英文均有的情况下，应以中文名称规格进行招标或供货。本案例对可能存在的理解差异没有重视，而是按各自的习惯理解进行了招标或供货，采办过程中管理存在疏漏。

2）招标过程中没有设计人员参与技术答疑，导致可能存在的偏离未被发现。

3）业主方材料管理、采办管理人员的变动调整也可能是产生偏差的原因之一。

3. 应对措施

1）经过现场及图纸核对，本次投入的4″以上工艺管线上的“八”字盲板共计18套，需进行机械加工改造成分离式插板或垫环；3″和2″的“八”字盲板共计78套，可以不进行改造，但需要与管线做整体保冷处理。

2）设计单位组织各专业对过程文件进行自查：

（1）工艺系统专业：P&ID（Piping and Instrumentation Drawing，仪器和管道图纸）上工艺管道隔断采用插板或垫环，与流程图图例相符。

（2）管材专业：管道材料技术规定中，“插板/垫环”英文描述为“line blind and spacer”，而“‘八’字盲板”英文描述为“spectacle blind”，没有出现混淆使用的情况，与工艺系统专业设计文件相符。

（3）管道专业：执行管材专业的材料规定，在管道轴测图和请购料单中都是插板/垫环，中英文相符。在配合业主询价和招标过程中，管道专业提供了两次材料料单，料单中的名称规格描述没有变化。

（4）招标请购、技术澄清、文控等过程中没有发现设计同意采用“八”字盲板的传真、邮件等联络性文件。

（5）在管道专业工程说明中增加插板/垫环材料描述说明，“line blind and spacer ”是指成套供应的分离式插板和垫环。在管材专业技术规定文件中对插板/垫环的英文进行单独描述，消除理解偏差。

4. 经验/教训/思考

尽管业主未按要求参加招标、评标过程，但在确定中标厂家后应将其技术文件提交设计人员进行审查,对可能存在的理解偏差进行澄清和纠正。

6.3.4 工程绝热材料PIR

1. 背景介绍

本项目开始于2012年,经过初步设计、基础设计和详细设计三个阶段,于2013年7月详细设计阶段结束。2015年10月14日正在进行绝热工程的项目现场接到深圳市住建局要求工程停工的通知,原因是有人举报工程现场的绝热材料的氧指数参数不满足现行国家规范中的绝热材料氧指数须大于等于30%的强制条文的规定,存在安全隐患。

为配合政府调查工作,业主从接到通知时间起2天后即2015年10月16日停工至调查结束2016年1月23日复工,现场延误工期3个多月之久,严重影响了项目的整体进度。

2. 原因分析

举报信中提到的国家规范是《工业设备及管道绝热工程设计规范》(GB 50264—2013),实施日期是2013年10月1日。在本项目详细设计阶段,此规范还未正式实施,当时执行的标准是GB 50264—1997。97版第3.1.8.3条规定:“被绝热的设备与管道外表面温度T_0小于或等于50 ℃时,有保护层的泡沫塑料类绝热层材料不得低于一般可燃性B_2级材料的性能要求”。97版对于B_2级材料氧指数要求是大于26%。因此,氧指数不小于30% 的要求在本项目的成品设计文件中并未体现。

3. 应对措施

设计为配合业主的调查工作,仔细地梳理了整个设计工程,并全程参与了整个处理过程,包含现场对绝热材料的取样及验证。为更快地解决问题,针对此事设计专门向举报信中提到的国家规范GB 50264编委会发了正式函件询问氧指数事宜，在得到还是按照现行规范执行的答复后，业主于 2016 年 1 月召开了专家咨询会，通过对国家现行标准和行业内几十年的实践经验的解读，与会专家一致认为本工程的保冷材料性能及结构符合设计要求，标准选取和参数设计也符合 LNG 行业的设计习惯，基本安全可靠。

经过此次事件，设计人员需时刻关注国家标准规范的更新，公司应提供更多的渠道让设计人员了解规范更新的状况，避免因规范更新引发的设计错误。另外，设计人员也应了解自身的责任和义务，不是说设计文件入库就万事大吉，施工和安装及工程的后续问题都与设计息息相关，尤其是在国家对于设计终身负责制出台之后，时刻提醒设计人员提高自身的设计水平才是安身立命之本。

4. 经验/教训/思考

《工业设备及管道绝热工程设计规范》(GB 50264—2013)第 4.1.6 条第 2 款规定："被绝热设备或管道表面温度小于或等于 100 ℃时，应选择不低于国家标准《建筑材料及制品燃烧性能分级》GB 8624 中规定的 C 级材料，当选择国家标准《建筑材料及制品燃烧性能分级》GB 8624 中规定的 B 级和 C 级材料时，氧指数不应小于 30%"，而且此条作为黑体字列入了强制规定。虽然文件发布在项目结束之后，但是在整个项目未竣工验收之前，国家发布的任何强制规范都在监察范围之内。设计未能及时跟踪国家标准规范的更新，也未能及时提醒业主，这是设计方的失误。

6.4　管机专业

6.4.1　LNG 卸船系统取消防水锤阻尼器

1. 背景介绍

LNG 卸船系统水锤荷载由第三方计算完成，因其荷载较大，初期设计采用了11台阻尼器以平衡水锤荷载(图6.6),项目后期发现缺少该阻尼器,鉴于项目进度及费用控制,项目组要求取消这11台阻尼器。针对取消阻尼器情况,管机专业会同工艺、自控、结构各专业及第三方公司开展复核研究。委托第三方取消阻尼器,重新进行水锤荷载计算,对计算工况进行适当调整,增加了第三方的修改工作量。

工况调整引起部分保冷管托形式变更,重新调整管托请购文件,导致了业主管托采购合同的部分变更,影响了供货周期;工部调整也引进自控联动方案的修改,调整了控制阀参数。

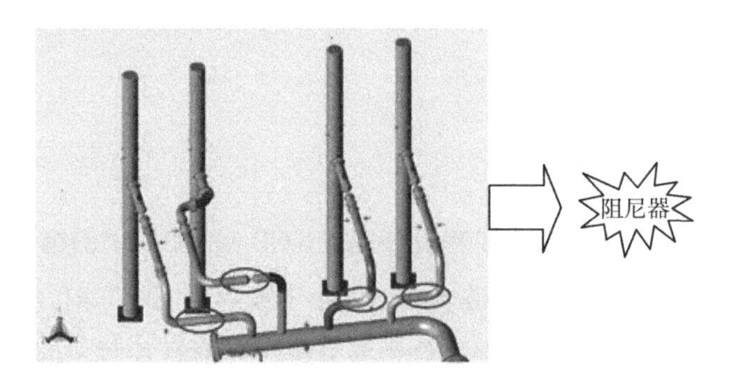

图6.6 平衡水锤荷载用的阻尼器

2. 原因分析

直接原因:对水锤荷载计算文件审查不足,未及时发现防水锤阻尼器的设置并要求水锤方出具相应数据表,若提早发现可提早解决,进而避免后期该问题对进度的影响。

间接原因:自身不具备水锤分析能力并缺乏相关经验,对较大的水锤荷载数据不具备辨别审视能力。

3. 应对措施

管机专业针对取消阻尼器的方案重新完成卸船系统应力分析工作,主要采用改变支架形式的方法,将部分滑动管托改为限位或固定管托。

水锤荷载计算方针对水锤荷载较大的情况复核水锤模型及结果，并提供最新荷载数据及取消阻尼器后自控及工艺方面的建议措施。

结构专业根据最新荷载数据复核原设计是否满足现有荷载要求，不满足的结构部件出具补强措施。

出具各专业变更方案，审查确认后现场调整，具体整改方案如下：

1) 工艺自控专业：保证“ESDV0002 与 ESDV0007 同时关闭，且同时保证关闭每个储罐进料总管上的 ESDV 阀”码头、栈桥需要补强的结构方案图纸已完成，签字版扫描图纸已发现场。码头需增加埋板 16 块，结构已经出图发到现场。取消阻尼器的关键是从源头上减小水锤荷载，通过修改管道支架及结构补强措施承受水锤荷载。

2) 项目实施过程中，应力分析专业按照加载地震、风、冷拱及水锤等所有工况的应力分析模型对管道及结构专业反馈条件。

3) 条件传递或变更要及时沟通，工艺、自控、管机及结构各专业的通力配合，集思广益。

4) 加深设计文件深度，明确应力分析计算深度，编制管托采购数据表技术要求及管道应力分析工况说明和要求。

5) 加大分包方及供货商提交文件的审查力度，避免缺乏沟通导致的问题，诸如卸船系统阻尼器数据缺失问题，应提早审查、提早发现，避免影响工期。

4. 经验/教训/思考

1) 针对 LNG 卸船系统类易产生水锤的问题，应加大水锤荷载关注力度，努力提升自身能力，掌握 LNG 接收站工程相关管道的水锤荷载计算技能。

2) 加大对设计文件的审查力度，尤其要严格把关由第三方完成的设计、计算文件结果的复核、审查工作，力求把问题提早暴露，提早解决。

3) LNG 接收站工程水锤分析应由工艺专业提早完成，并将水锤荷载反馈给应力分析专业，由应力分析专业完成加载水锤荷载后应力分析，这样得出的管道支架推力才是真实可靠的。

6.4.2 BOG 压缩机电机调试

1. 背景介绍

粤东 LNG 项目 BOG 压缩机为立式迷宫往复式压缩机，供货商为 Burckhardt。在单机调试过程中，逐渐升高一级和二级排气温度，当一级和二级排气温度分别达到 140 ℃和 118 ℃时，压缩机突然振动跳车，检查发现用来遮盖 V4 段入口缓冲罐手孔滤网破损且缺少一片，检查气缸和气阀，发现部分滤网卡在吸气阀处，且气缸内壁一切正常。更换滤网后，重新进行磨合工作，直到一级和二级排气温度达到 140 ℃和 150 ℃，整个过程没有异常。但磨合后检查气缸时发现 V2 段活塞裙存在局部过度磨损现象，见图 6.7。

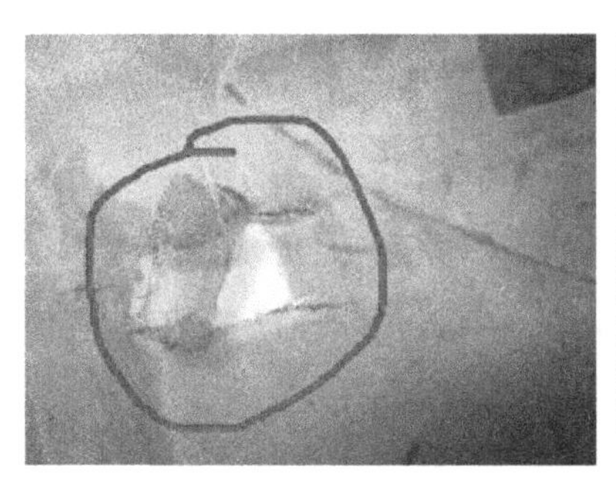

图 6.7 V2 段活塞裙磨损现象

2. 原因分析

1）初期压缩机单机调试工作由施工承包商工作人员完成，压缩机供货商的技术服务人员未到现场，调试工作人员仅仅按照供货商提供的手册要求进行压缩机调试，缺少调试经验。压缩机发生首次跳车时，并未对压缩机所有的气缸和活塞进行检查和异物清理。

2）活塞裙与气缸之间的磨合是压缩机单机调试的重要工作环节，通过逐渐提高排气温度，使活塞与气缸之间进行膨胀磨合以达到适合的活塞间隙。

3）活塞裙局部过热磨损的主要原因是：在活塞裙一侧的迷宫槽内存在异物，异物来源有外部进入和活塞与缸壁自身摩擦产生的碎屑，这些异物没能随气流带出气缸，随着气缸内部整体温度升高，积聚的异物不断升温膨胀，活塞与气缸内壁局部的间隙变小甚至接触，活塞的往复运动引起气缸缸体的振动，最终导致压缩机振动过大跳车，并引起活塞裙局部过度磨损。

3. 应对措施

联系供货商，更换活塞裙，对气缸及气阀进行清洗。更改压缩机单机调试方案，延缓温升速度，拉长活塞与气缸的磨合时间，分阶段进行磨合，每一阶段都对每个气缸和活塞裙上的异物进行清理，并且由供货商技术人员完成压缩机调试工作。

1）在机泵设备采购前期，加强与业主及供货商交流，完善请购文件；在设备请购阶段，尽可能参与到技术协议签订中，以确保采购设备满足相关设计要求。请购阶段明确后期设备安装、调试、试车和开车的技术服务费用。

2）机泵设备调试前一个月应要求供货商提供完整、详细的设备调试方案，并报业主和设计方审查。在调试之前召开调试协调会，由业主、供货商、设计方及施工方共同参加，明确调试程序及调试所需的条件，以保证设备调试的顺利进行。

4. 经验/教训/思考

1）对于机泵设备（尤其是压缩机），在前期请购文件及后续技术协议中一定要明确供货商的供货范围和工作范围。

2）对于重要的机泵设备的调试、试车及开车，要求供货商派遣经验丰富的技术人员在现场指导。

3）对于机泵设计人员，要了解和熟悉机泵设备现场调试、试车及开车的程序。

6.5 自控专业

6.5.1 高压泵自带仪表接线设计

1. 背景介绍

粤东LNG项目在高压泵到位后，现场发现随高压泵供货的包含安装于泵体外侧的表面热电阻，并且需要进行控制室侧的远程显示。而自控专业设计图纸中未体现此部分的设计内容(包括现场接线箱的配置、电缆材料的统计和控制室侧IO点及端子的分配)。后续工艺专业给自控专业补充了此部分仪表条件，自控专业完成了接线箱、配线以及后续工作。施工单位按设计要求完成了此部分的施工工作。

因为此部分牵扯到增加接线箱以及相关的电缆材料，所以费用上会有所增加。新增表面热电阻要进控制室侧远程显示，因为浙大中控在卡件配置上考虑了PT100信号的备用量，新增点由浙大中控在备用卡件上分配端子，所以此部分费用不会受影响。电缆和接线箱采购周期很短，对项目进度影响不大。

2. 原因分析

直接原因：自控未收到此部分的仪表条件，不知高压泵体外侧还有表面热电阻信号，因此未设计接线箱和电缆。在施工单位施工过程中发现每个高压泵有三个PT100信号需要被远程监控，因此反馈给项目组，进行了设计的变更，解决了实际问题。

间接原因：粤东LNG项目跨时太长，图纸从A版出到E版，成套包资料也是一版版返回。在相应版次的文件设计过程中，各专业资料不全，导致不能全面地完成各专业的输入条件。而且业主在成套包采购及签订合同过程中，经验不足，设计资料返回不全面、不及时，导致后期的变更改动太多。另外，自控专业人力资源紧缺，项目交叉严重，设计入库后，订货资料又返回或者变化，设计人员没有精力去核对，只能是现场发现问题，配合修改，因此耗费了大量的时间。

3. 应对措施

现场发现此问题后，主导专业根据最新的高压泵成套包资料提出仪表条件，自控专业接收后根据仪表信号类型和数量设计接线箱，增加主电缆。完成 IO 表的更改，并发给 DCS 系统供应商浙大中控，由系统厂家分配 DCS 侧的卡件及端子，实现对泵表面热电阻信号的远程监控。图纸完成后通过项目组发给业主，根据业主的采购分配原则，此部分由施工单位(核五)采购。根据设计院图纸，施工单位完成现场配线、接线箱安装以及控制室侧的端子接线。

业主应与成套供应商签订合同，严格要求提交资料的时间，及时返回设计。设计各专业对资料进行审查，不完整或有异议时及时提出。资料符合设计要求时，完成本专业的设计文件，并向其他专业提供设计输入。主导专业在收到方案变更以及变更会影响其他专业的设计时，要及时书面告知，修改条件。设计过程中，各专业之间保持良好的沟通，共同完成设计。

4. 经验/教训/思考

粤东 LNG 项目运行时间太长，图纸版次太多，在不具备施工条件时，业主就要求开始施工，造成后期很多返工。供货商的返回资料给设计院太慢，版次多，且错误多，业主资料管理混乱，导致现场改动太多，造成人力资源的浪费。所以在成套包合同签订过程中，一定要限定资料的提交时间，成套商要对资料的完整性和正确性负责。各专业要对资料及时消化，及时完成设计工作，并对其他专业提出相应要求。

6.5.2 仪表电缆材料设计

1. 背景介绍

深圳LNG项目的仪表电缆施工过程中发现已采购的仪表电缆种类、规格和数量与现场施工用料有出入，按照实际用料重新设计和统计汇总后，发现有9万m的仪表电缆需要采购，而已采购的仪表电缆在施工完成后将存在不少富余的用料，由于业主采办概算的限制，不允许再购买9万m的用料。

2. 原因分析

直接原因：电缆采购时的图纸版本是施工招标版，当时自控专业是根据系统专业提的条件设计的，对现场仪表和接线箱之间进行了匹配设计，并对此部分电缆用料充分考虑了余量；由于成套设备随机所带的仪表也需要电缆，而这部分电缆也统计在内，由于工期紧，还没有与成套设备厂家谈判，不知道电缆用料多少，只能参考广东大鹏LNG项目中有关成套设备电缆用料，导致此部分电缆预估的种类、规格不够全面、准确。

间接原因：电缆采购后，根据业主订货资料返回情况上游专业进行了调整，导致电缆用料发生变化；成套设备采购时设计人员没有参与谈判，对成套设备电缆用料不了解，在后续的文件中无法及时更新。

3. 应对措施

发现此问题后，首先将富余的用料统计出来，包括电缆的种类、规格和数量；其次按照实际情况重新设计，在符合标准规范的前提下尽量用富余的电缆进行弥补，如将现场仪表和接线箱间的匹配进行优化调整，尽量增加接线箱多芯电缆的利用率，减少其备用芯数。例如，富余的电缆有 $20\times2\times1.0\ mm^2$ 规格的多芯电缆，则将其用在缺口的 $10\times2\times$

1.0 mm^2 规格上，若富余的电缆有本安信号的电缆，则将其用在缺口的非本安信号回路上；进行优化设计后，最后将 9 万 m 的缺口减少到 3 万 m。

4. 经验/教训/思考

1）总结几个接收站的工艺条件，全面了解工艺流程，对类似规模项目的仪表种类、数量进行了总结整理，确保电缆数量不会出现较大的出入。

2）收集 LNG 项目的成套包厂家资料，做到对每个成套包的电缆用料心中有数。参与厂家的技术谈判，在前期限定电缆用料范围，减少后期的麻烦。

3）专业工程师设计经验不足，项目后续未执行 FEED 及初步设计理念。同时，未能消化吸收所采用的大鹏 LNG 项目文件体系，叠加业主急需请购文件，最终导致施工招标版的电缆用料计算不准确。

6.6　给排水/消防专业

6.6.1　海水系统增加破真空阀

1. 背景介绍

粤东 LNG 项目海水系统一期设有三台海水泵，两开一备，每台泵出口管线分别接到两根母管上，当海水泵停泵时，由于供水中断，管线内止回阀前的海水会沿泵筒返回水池，止回阀后竖直管段内海水会落入埋地母管中，管线内会出现负压情况，为确保海水系统运行安全，在海水泵出口管线上增加破真空阀。

2. 原因分析

海水系统管道采用 GRP 玻璃钢管，管道刚度不如金属管材，管道内产生负压后，管道会有轻微变形，长期运行下去对管道稳定性不利。本案例变更增加6台破真空阀，业主重新进行采购，由于当时海水泵系统还未最终安装完毕，因此未影响到总体进度。

3. 应对措施

根据配管走向，考虑阀门的作用，每台泵止回阀前后分别安装1个破真空阀，管道重新开孔，并进行补强，同时对阀门处增加了支撑。在进行后续项目设计时，根据水泵运行工况及配管走向，在水泵出口管线上增加破真空阀，对管材提出相应的要求，能抵抗一定真空度下管道的微弱变形，海水系统内不会因负压而产生不利影响，消除可能的安全隐患，将运行风险降到最低。

4. 经验/教训/思考

经过此次设计工作的交流，我们在设计时不仅要考虑规范标准的符合性，还应该从使用者的角度考虑运行的安全性，考虑到设备运行的各种不利工况，分别采取相应的保障措施，确保安全运行。

6.6.2 消防管道基础修改

1. 背景介绍

深圳LNG项目全厂埋地消防管道采用GRE玻璃钢管，此种管材防腐性能良好，各接收站使用也很普遍，管道采用砂垫层基础，管道沉降时，也会起到缓冲作用。深圳接收站厂区内地质较差，管道开挖后，地下水位较高，部分区域沟槽内淤泥乱石较多，达不到设计要求的地耐力，填砂也无法夯实，管道施工完成后，在试压过程中，部分接口出现了漏水现象。若不及时处理地基，则管道裂缝可能会逐渐增大，甚至断裂。而这势必会影响管网安全性，影响消防系统满负荷运行，对接收站安全不能起到有效的保障，并且埋地管道隐蔽性较强，一旦漏水排查会很困难。通过更改混凝土基础，增加了施工费用，并且由于返工延误了进度。

2. 原因分析

深圳 LNG 接收站地质较差，部分区域地基达不到设计要求，地基不均匀沉降对埋地管道影响很大。而 GRE 玻璃钢管本身抗不均匀沉降性能要弱于钢管，施工安装要求较高，施工过程中对没有达到设计要求的地基未做处理就进行管道的安装敷设。设计虽然考虑了不均匀沉降的因素，但现场施工经验不足，提出的施工措施并未完全消除不利影响。

3. 应对措施

分析原因及施工方案后，对沟槽重新进行支护，并排出槽内地下水，沟槽底部填毛石，上层铺碎石并浇筑混凝土，重新稳固基础，又对此部分管道重新安装。

设计前应充分了解项目界区内地质情况，对一些回填区应重点关注，查看地勘报告中地耐力的描述，对不满足地基要求的区域，应请结构专业设计必要的地基处理措施。同时应与施工单位及早沟通，施工达不到设计要求时，应协商出符合要求的施工方案，避免返工。

4. 经验/教训/思考

设计过程中会根据规范提出一些施工要求，但对施工难度估计不足，也会造成施工单位施工质量有问题，从而影响整个项目的安全有效运行。作为设计人员不应光纸上谈兵，而要深入施工现场，对不同地质情况提出不同的地基处理要求，配合施工单位完成高质量的工程。

6.7 建筑结构专业

6.7.1 LNG接收站抗台风方案

1. 背景介绍

粤东LNG在建设过程中遇到强台风天气，BOG压缩厂房屋顶面板及通风设施毁坏，且深圳LNG项目最早建设的维修车间及综合仓库工段在建设完成并经历台风后，出现一定程度的门窗损伤及小面积漏水。鉴于此情况，项目组开始研究和改进沿海地区建筑设计防台风措施，并在事件处理过程中及后续的LNG接收站项目设计中加以应用。粤东LNG的BOG压缩厂房的修复造成费用的支出，深圳LNG的维修车间及综合仓库的门窗维修影响到现场的工作环境。在后续设计中采用防台风措施后，从深圳LNG接收站开始，均未出现台风造成较大损失的情况。

2. 原因分析

在粤东LNG项目设计时，钢结构厂房的设计普遍采用的是单层压型钢板构造(如上海LNG一期)及夹芯板构造，这样设计的建筑围护结构与主体结构的连接仅靠自攻螺钉等固定，即使结构专业在主体结构计算时按百年一遇计算，围护结构的强度也并没有得到实质性加强。

建筑的外门窗尽管已经对型材指标做了要求，但是未对门窗抗风压性能及水密性做出详细的要求和规定，施工单位为降低工程成本，采用了低强度等级的外门窗。

3. 应对措施

对于已经出现破坏的建筑，修复过程中尽量采取适用的防台风措施，采用双层压型钢板构造，维护结构的底板压在檩条下，能够借助主体结构增强围护结构的牢固度，且在屋脊檐口等部位设置压边，目前看效果很明显。对于出现问题的门窗，施工单位采购了抗风压性能更好的产品进行了更换，并在门窗四周加设固定措施及用多层密封胶填缝。至今此类问题未再次发生。

在后续的 LNG 接收站的设计中，建筑外门窗增加了对门窗抗风压性能及水密性的详细要求，避免了施工单位采用低等级门窗的情况。统一增加了针对沿海地区建筑的防台风措施，从而最大限度地保护建筑免遭台风破坏。

4. 经验/教训/思考

在最初设计过程中，缺少沿海台风地区的设计经验，也没有考虑到台风对于建筑的强大影响，在出现问题之后，项目组广泛收集和学习这方面的知识和案例，做出了有针对性的改进。通过此案例，总结经验教训，在以后的项目设计过程中，要充分了解项目所在地的气象、地质及建筑的特点，广泛了解当地的建筑做法，避免此类情况的再次出现。

6.7.2　管廊钢梁承载力核算及处理

1. 背景介绍

因界面分工原因，LNG 储罐上的管线由 CBI 负责，在最初版设计阶段，CBI 无法提供该部分的管道路由。对 LNG 管线的应力计算，包括罐上部分统一进行考虑，在不具备条件的情况下，为满足业主的前期施工需要，管道专业参考其他装置的罐上管线进行了假定设计及计算，结构专业也进行了相应设计。收到 CBI 相关详细设计文件后，与假定条件差别较大，对 LNG 管线重新进行应力计算后，造成管托位置及荷载的较大调整，结构专业复核后发现，最初版设计的钢梁应力超限，且业主已提前施工，因此针对钢梁应力不同超限程度，结构专业采取了相应的改进措施。

由于管廊结构已经建成，根据管道专业提出的条件需要再对管廊结构进行加固改造，对设计进行修改，增加了型钢用量，也造成工期增加。

2. 原因分析

直接原因是对工艺区管廊上关键的 DN900 高压管线(图 6.8)的应力分析能力较弱，且应力分析工作滞后，各专业缺乏 LNG 项目设计经验，虽然结构专业仔细比对了成达工程公司的设计图纸，并推敲了其中的设计理念，但是由于技术积累的匮乏，无法为相关专业提供更多的技术支持。

图 6.8　高压管线

3. 应对措施

根据管道专业提出的 DN900 高压管新增管托荷载，结构专业重新计算复核了工艺区管廊 PP4～PP9 的承载能力：

1) 对于次梁应力比小于 1.05 的情况，建议次梁不更换，在设置管托的次梁中部合适位置设置竖向热轧 H 型钢柱形成空间桁架，利用空间桁架的受力特性解决承载力问题，同时又能减小构件变形。

2）对于钢梁应力比不满足要求的，如 PP9 管廊的次梁应力比在充水试验荷载工况下为 1.53、正常操作工况下为 1.1，应力比均不能满足要求，因管廊土建结构已经施工完毕，且管道及电缆桥架也已经敷设完毕，为满足次梁承载力要求及考虑施工因素，建议在次梁下焊接钢梁 HW150×150×7×10，长度同原梁长。新加钢梁与原钢梁顶紧焊牢，贴角焊缝 8 mm，满焊。

3）纵向钢梁应力比不满足要求的，标高 EL8.320～EL14.720 新增纵向柱间支撑，采用八字撑，柱间支撑材料及要求同原设计图纸。

4）为了厘清管道应力分析与管廊结构刚度之间的关系，2016 年管道室与土建室联合申报，并完成了“外管廊管道应力与结构应力协同分析研究”科技发展项目。研究表明，管道布置具有以下特点时，应考虑使用协同方法进行验算：

（1）大跨度（一般指大于 15 m）管道支架，跨度中部次梁上设有管道支座，如跨越管架等；

（2）对结构变形有严格要求的管系，如玻璃钢等特殊材质的管系；

（3）敏感管道及设备管口配管；

（4）大直径管道或较重管道相邻支座位置有较大变化，如管道 π 型弯位置；

（5）相邻管道支座有较大位移差，如管道支座间距离发生较大变化，导致管道支座由横梁中部变化至横梁边缘等；

（6）结构沉降引起法兰泄漏会造成重大危险的管线；

（7）设计有阻尼器、拉杆等的管道；

（8）项目中其他关键及重要的管系。

4. 经验/教训/思考

根据 2016 年 1 月 6 日《YDLNG－FO－TSDDC－2016002“由于增加管托 PP4～PP9 管廊次梁核算回复”》，从实际情况分析，管道应力分析能力较弱且工作滞后使得管廊设计存在缺陷，同时结构专业缺乏 LNG 项目设计经验，也没有做好技术储备，使结构设计隐含安全隐患。管道应力分析结果是管道的支撑钢梁计算设计输入依据，对于工艺区管廊设计，管道与结构专业应提前协调沟通，加强设计交流，严禁类似的管道应力分析未完成就进行结构设计和施工的情况。对于今后的管廊设计，采用协同设计方法可有效避免此类事件的发生。

6.7.3 钢梁变形

1. 背景介绍

2016 年 4 月 15 日，深圳 LNG 项目现场在管道上水试压过程中，发现跨越站区北侧排洪渠处的管廊钢梁出现弯曲变形，导致管道上钢结构平台前的弯头处出现裂纹，现场随即停止试压工作，设计单位的结构和管道设计人员到现场核实发现在管道充水至一半时即出现焊缝撕裂、钢梁变形，见图 6.9。鉴于此情况，结构和管道设计人员会同业主及现场施工人员，一同分析事故原因，商讨解决方案。最终替换 3 根变形钢梁，产生费用约 5 700 元，无进度影响。

图 6.9 变形钢梁

2. 原因分析

该工段管廊原为 TGE 公司设计。原设计支撑钢梁选用 HW300×300 型钢，施工单位建议改为 HW200×200 型钢以方便螺栓安装。

设计单位在核算承载力已接近上限的情况下仍同意现场更改为 HW200×200 型钢，忽视了施工质量可能不达标所造成的承载力折减情况。后因焊缝撕裂导致管道支撑钢梁变形。

在今后的设计工作中，既要考虑施工便利，又要保证结构安全，并充分考虑施工过程中可能出现的各种风险，在充分保证结构安全的前提下，再结合现场实际情况，设计出既结构安全又能方便施工的方案。

3. 经验/教训/思考

在这次事件中，虽是焊缝不达标导致钢梁变形，但设计人员在变更设计时也忽视了施工质量可能引发的安全隐患，在今后的设计中应着重注意。

专业名词英文缩写对照表

BOG　Boiling Off Gas 蒸发气
BOR　Boiling Off Rate 蒸发率
DCS　Distributed Control System 分布控制系统
CNG　Compressed Natural Gas 压缩天然气
EPC　Engineering Procurement Construction 工程采购施工总承包
FAT　Factory Acceptance Test 工厂验收试验
FEED　Front End Engineering Design 前端设计
FGS　Fire and Gas System 火气系统
GRE　Glass Fiber Reinforced Epoxy 玻璃纤维增强环氧树脂
GRP　Glass Fiber Reinforced Plastics 玻璃纤维增强塑料
NPT　National (American) Pipe Thread 美制螺纹
PDCA　Plan - Do - Check - Act 戴明环
PID　Piping and Instrument Diagram 管道仪表流程图
PIR　Polyisocyanurate Foam 聚异氰脲酸酯泡沫
PSV　Pressure Safety Valve 压力安全阀
QC　Quality Control 质量控制
RT　Radiographic Testing 射线检测
TCP　Thermal Corner Protection 热角保护
VBA　Visual Basic for Applications VBA 编程语言